BRIGITTE KLEINOD

Erlebnisgärten für Kinder

PLANEN UND ANLEGEN

MIT
60 FARBFOTOS
15 ZEICHNUNGEN

VERLAG EUGEN ULMER
ÖSTERREICHISCHER AGRARVERLAG

Vorwort

Kinderparadiese im Garten vermitteln Geborgenheit. Sie bieten Schlupfwinkel zum Verstecken, regen die Sinne an, laden zu unterschiedlichen Bewegungen ein und fördern die Fantasie und Kreativität.
Ungenutzte Flächen, die von Kindern erobert werden könnten, sind in der Nähe von Wohngebieten immer seltener zu finden; auch die Privatgärten werden immer kleiner. Deshalb ist es umso wichtiger, den Kindern ein kleines Fleckchen Erde zu geben, auf dem sie ihren Bedürfnissen nachgehen und Natur erleben können.
Sind für kleinere Kinder Bewegungsmöglichkeiten und Verstecke am wichtigsten, freuen sich die größeren über Plätze, wo sie sich in geselliger Runde abseits der Erwachsenen aufhalten können. Besonders Schulkinder verbringen einen großen Teil des Tages in der Schule beziehungsweise am eigenen Schreibtisch. Sie benötigen zum Ausgleich Bewegungsräume, die ihnen das ganze Jahr über sowohl Entspannung als auch Anregungen bieten.
Der eigene Garten kann den notwendigen Ausgleich bieten, sofern er entsprechend angelegt ist. In ihm können sich kleine und große Menschen zumindest einige Stunden in der Woche wieder als Teil der Natur erleben und daraus die nötige Kraft schöpfen, um den Alltag zu bestehen.
Dieses Buch ist eine Arbeitshilfe für die Planung und Gestaltung kindgerechter Gärten, darüber hinaus bietet es Ihnen viele kreative Ideen für die individuelle Umsetzung zusammen mit Ihren Kindern. Die Anregungen und Erfahrungen auf diesem Gebiet habe ich meinen eigenen Kindern und deren Freunden ebenso zu verdanken wie den Kindern meiner Kunden, deren Gärten ich plante. Aber auch die Erzieherinnen und Kinder verschiedener Kindergärten lieferten wichtige Beiträge während der gemeinsamen Umgestaltung ihrer Außengelände. Nicht zuletzt haben mich die Kinder meiner Naturschutz-Gruppe immer wieder in meiner Meinung bestätigt, dass es nichts Schöneres gibt als Natur und Abenteuer vor der eigenen Haustür.
Geben wir unseren Kindern also die Möglichkeit, sich ein kleines Stückchen „eigene Welt" im Garten zu erschaffen, auch wenn deren Sinn für Ästhetik meist von den eigenen Vorstellungen abweicht. Mit einer kindgerechten Gestaltung tun wir auch uns selbst den größten Gefallen, denn was gibt es für Eltern Schöneres als gesunde, ausgetobte und zufriedene Kinder?

Brigitte Kleinod
Waldems-Reichenbach
im Frühjahr 2002

Für Sonja und Silvia

Inhaltsverzeichnis

Gartenideen

GEMEINSAM ENTWICKELN

Kinderfreundliche Gärten müssen allen Familienmitgliedern etwas bieten und sollten deshalb demokratisch geplant werden. Für die Planung ist es hilfreich, wenn Eltern und Kinder unabhängig voneinander ihren Traumgarten zeichnen oder modellieren und gemeinsam eine Liste ihrer Wünsche erstellen.

Entspannen und genießen im eigenen Garten

Im Laufe der Zeit und von Kultur zu Kultur wechselten die Vorstellungen vom einer gelungenen Gartenanlage. Dienten Gärten in früheren Zeiten den Herrschenden als Repräsentationsobjekt, waren sie für das „normale“ Volk dringend nötig, die Familie mit frischem Obst und Gemüse zu versorgen. Für Kinder wurden sie in den seltensten Fällen geplant.
In der heutigen Zeit dient der eigene Garten in den meisten Fällen den Erwachsenen als Ort der Entspannung und den Kindern als Rückzugsgebiet, Bewegungsraum und Abenteuerersatz. Umso wichtiger ist es, dass seine Pflege nicht zu viel Arbeit macht und es bei den unterschiedlichen Bedürfnissen aller Familienmitgliedern nicht zu Interessenkonflikten kommt. Abwechslungsreich und naturnah gestaltete Gärten bieten deshalb für Familien ideale Voraussetzungen.

Kindheit im Garten

Man muss schon das Glück haben, in der Nähe eines naturnahen Geländes zu wohnen, damit Kinder noch ein Stückchen Natur erobern und es ohne ständige Beobachtung und Kontrolle durch Erwachsene erleben können. In Wohngebieten ist meist dafür überhaupt kein Platz, und so darf es uns nicht verwundern, wenn Kinder vermeintliche Abenteuer auf dem Bildschirm dem Draußenspielen vorziehen. Dabei ist bekannt, dass selbst Kinder von Eigenheimbesitzern unter Bewegungsmangel leiden und Unfälle auf dem Schulhof immer häufiger werden.

Durch vorgegebene Bewegungsabläufe oder Wege und Treppen nach DIN-Norm sind die Kinder so untrainiert und unaufmerksam, dass schon kleine Unebenheiten im Gelände zu gefährlichen Stolperfallen werden können. Deshalb geht man verstärkt bei öffentlichen Spielbereichen dazu über, unregelmäßig geformte Natursteine zu verbauen und durch natürliche Materialien die Sinne anzuregen. Einige Regeln müssen aber auch bei naturnahen Spielanlagen im Garten befolgt werden, um vermeidbaren Verletzungsgefahren vorzubeugen. Diese sind einmal vom Alter der Kinder, aber auch von deren Temperament und Erfahrungen im Umgang mit Natur abhängig. Grundlegendes dazu ist hier für Sie zusammengestellt.

Spielgeräte werden von Kindern oft ganz anders genutzt, als die Erwachsenen sich das gedacht haben

Sicherheit im Garten

Gefahren im Garten lauern oft an ganz anderer Stelle als vermutet. Die meisten Eltern denken sofort an **giftige Pflanzen**, von denen die Kinder probieren könnten, dabei sind Vergiftungsfälle mit Pflanzenteilen äußerst selten. Die meisten von ihnen sind für den Menschen ungenießbar und – in geringen Mengen verzehrt – harmlos. Vor Übelkeit und Vergiftungen können Sie ihre Kinder schützen, indem Sie ihnen erklären, dass alle Beeren, die nicht im Nutzgarten oder in Beeten wachsen, nur für die Vögel da sind.

Das beste Rezept gegen Vergiftungen ist das Pflanzen von schmackhaftem Obst wie Erdbeeren, Johannisbeeren und Stachelbeeren, die auch kleine Kinder sehr schnell erkennen lernen und von denen sie sich nach Herzenslust bedienen dürfen. Alle anderen Früchte werden als „Vogelbeeren" bezeichnet und sind absolut tabu.

Sind die Kinder älter geworden, kann man auch ungenießbare Pflanzen in den Garten holen. Die Kinder lernen dabei, dass Tiere die Früchte dieser Pflanzen unbeschadet fressen können. An dieser Stelle sollen nur diejenigen Pflanzen aufgeführt werden, deren rote beziehungsweise schwarze Früchte von den Kindern wegen der Verwechslungsgefahr mit essbaren Beeren versehentlich gegessen werden können. Das Spektrum der möglichen Vergiftungserscheinungen reicht dabei

Auswahl von giftigen Pflanzen mit auffälligen roten oder schwarzen Früchten		
Pflanzenname (deutsch/botanisch)		**auffällig gefärbter, giftiger Pflanzenteil**
Aronstab (*Arum maculatum*)		kolbenartiger Fruchtstand mit roten Einzelfrüchten
Eibe (*Taxus baccata*)		der rote Samenmantel ist nicht giftig, aber der darin enthaltene Samen, die Triebe und die Nadeln
Nachtschatten	Bittersüßer Nachtschatten (*Solanum dulcamare*)	glänzend rote Beeren
	Schwarzer Nachtschatten (*Solanum nigrum*)	schwarze, bei Unreife grünliche Beeren
Pfaffenhütchen (*Euonymus europaeus*)		die orange-rosafarbenen Früchte: der orange Samenmantel wird von einer rosafarbenen Kapsel umschlossen, die mit der Samenreife in vier Teile aufplatzt
Rote Heckenkirsche (*Lonicera xylosteum*)		rote glasige Beeren
Roter Holunder (*Sambucus racemosa*)		rote Früchte an einer kegelförmigen Rispe
Schneeball	Gemeiner Schneeball (*Viburnum opulus*)	rote Beeren an einer Trugdolde
	Wolliger Schneeball (*Viburnum lantana*)	rote glasige Beeren an einer Trugdolde
Seidelbast (*Daphne mezereum*)		scharlachrote Früchte entlang der Zweige
Tollkirsche (*Atropa belladonna*)		große, glänzend-schwarze Beeren, die von einem zipfeligen Blütenkelch umrahmt werden

von Erbrechen und Durchfall bis hin zu Kreislaufstörungen, Krämpfen und Bewusstlosigkeit. Es hängt einerseits von der Menge der verzehrten Früchte, andererseits vom Alter und Gewicht des betroffenen Kindes ab.

Die wichtigsten Regeln:

- Bewahren Sie Ruhe und versuchen Sie, Ihr Kind ruhig zu halten.
- Flößen Sie im Verdachtsfall dem Kind keinesfalls Milch oder fetthaltige Produkte ein.
- Versuchen Sie nicht, mit eigenen „Hausmitteln“ Abhilfe zu schaffen, sondern verständigen Sie sofort den Notarzt.
- Pflücken Sie – soweit nachvollziehbar – von der betreffenden Pflanze Zweige, Blätter und Früchte und zeigen Sie diese dem Arzt.

Schaukeln und Klettergerüste müssen oft ganz anderen Anforderungen standhalten, als wir ahnen. Spielgeräte mit dem Prüfzeichen „Geprüfte Sicherheit“ (GS) aus dem Fachhandel sind für hohe Belastungen ausgelegt; beim Eigen- und Zusammenbau sollten wir immer noch einmal selbst die

statische und dynamische Belastbarkeit rechnerisch und praktisch prüfen. Außerdem müssen die „Großen“ darauf achten, dass keine Verletzungsgefahr besteht, wenn ein oder mehrere Kinder ein Gerät benutzen.
Die meisten tödlichen Unfälle in Privatgärten passieren durch Ertrinken, tragischerweise sogar oft im eigenen **Gartenteich**. Selbst wenn ein Teich für Ihre eigenen Kinder keine Gefahr mehr darstellt, müssen Sie damit rechnen, dass fremde Kinder in Ihren Garten gelangen. Die Faszination von Wasserflächen ist so groß, dass manche Kinder jedes Schlupfloch im Zaun finden, um am Wasser spielen zu können. Legen Sie deshalb einen Gartenteich nicht gerade im Vorgarten an und vermeiden Sie steile, rutschige Ufer – sie erschweren das Herausklettern, falls doch mal jemand hinein gefallen ist.
Weitgreifendere Sicherheitsvorkehrungen bestehen im Auffüllen der Tiefwasserzonen mit Kies, so dass nur noch etwa 30 cm Wasserfläche übrig bleiben. Nachteilig ist hier die schnelle Erwärmung des flachen Wassers. Wenn die Kinder herangewachsen sind, kann der Kies vorsichtig wieder herausgenommen werden (Vorsicht bei Folienteichen!).
Einfacher ist es, den Gartenteich in den ersten Lebensjahren des Nachwuchses mit einem ausreichend hohen und stabilen Zaun zu sichern. Neu auf dem Markt ist ein Bewegungsmelder, dessen Alarm in Gang gesetzt wird, sobald ein Gegenstand mit über 10 kg Gewicht in das Wasser gelangt. Der beste Schutz ist aber immer noch, auf einen Teich zu verzichten, bis die Kinder sicher schwimmen können.

Wasser übt eine ungeheure Anziehungskraft auf Kinder aus – deshalb sollte man sie dort nie alleine lassen

Tipp:

Zum besseren Einschätzen von Gefahren für kleine Kinder sollten Sie Haus und Garten mal aus deren Perspektive betrachten. Gehen Sie dazu auf die Knie oder in die Hocke und achten Sie besonders auf Gefahren im Kopfbereich, wie vorstehende spitze Gegenstände oder Äste. Kinder sind nicht nur kleiner, sie haben auch kürzere Arme und Beine als Erwachsene, so dass sie Türgriffe, Geländer und Stufen oft nicht benutzen können.

Eine Holzterrasse ist für Kinder und Erwachsene angenehm zum Sitzen und Spielen

Kleine Kinder, große Kinder

Im Folgenden finden Sie Hinweise auf die Spielbedürfnisse der Kinder nach Altersgruppen: 2 bis 6 Jahre, 7 bis 11 Jahre und 12 bis 16 Jahre. Dies ist zwar eine in der pädagogischen Fachliteratur unübliche, für Gartengestaltungen und Spielbedürfnisse im Hausgarten aber sicher praxisgerechte Alterseinteilung.

2 bis 6 Jahre: In dieser Altersgruppe findet das Spiel vorwiegend auf dem Boden statt und die Kinder beschäftigen sich mal kurzfristig, mal ausdauernder mit einer Sache. Dazu sollte ihnen eine geschützte ebene Fläche zur Verfügung stehen. Auf der anderen Seite müssen sich Erwachsene oft noch dazu setzen, denn die Nähe zu den Eltern ist für die Kinder aus Anlehnungsbedürfnis und für die Eltern aus Sicherheitsgründen wichtig. Deshalb sollten Sie auch an sich denken und sich einen gemütlichen Platz bei den Kindern einrichten. Da Kleinkinder ihre Spielsachen noch nicht selbstständig wieder wegräumen und diese dann überall herum liegen, ist eine erkennbare Abgrenzung des Spielbereichs sinnvoll.

7 bis 11 Jahre: Die Kinder werden immer selbstständiger, spielen in kleinen Gruppen, klettern gerne, haben Geheimnisse und müssen nicht mehr intensiv beaufsichtigt werden. Mutproben und Bewegungsdrang, aber auch kreative Spiele und ein intensiver Bautrieb kennzeichnen diese Altersgruppe. Eigene Bauwerke müssen oft eine ganze Spielsaison hindurch erhalten bleiben. Das Aufräumen wird als Zerstörung der eigenen Kreativität empfunden, weshalb eine abgeschiedene Gartenecke für diese Altersgruppe sehr wichtig ist. Fahrzeuge aller Art müssen untergestellt werden können, und auch der Wunsch nach einem eigenen Tier gewinnt zunehmend an Bedeutung.

12 bis 16 Jahre: Bei Jugendlichen nähern sich die Bedürfnisse an einen Garten immer mehr denen der Erwachsenen an. Sitzplätze für gesellige Runden mit Freunden, Kreativecken zum Basteln und Gestalten, aber auch ruhige Ecken zur Naturbeobachtung sind ebenso beliebt wie Rückzugsmöglichkeiten in selbst gebauten Baumhäusern oder in Hängematten. Sportarten wie Tischtennis und Badminton, Kricket oder Boule können Jugendliche und Erwachsene auch in kleinen Gärten betreiben, wenn man Platzbedarf, Untergrund und Belag bei der Gestaltung von Terrassen, Garagenzufahrten und Rasenflächen mit berücksichtigt und gegebenenfalls daran anpasst.

Auch Tiere können Spielgefährten sein und die Kinder lehren, Verantwortung zu übernehmen

Hier nutzen Jugendliche die Pflasterfläche vor dem Haus als Treffpunkt und Sportplatz zugleich

Kinder-Traumgarten, als Modell in zwei Stunden verwirklicht

Träumen erlaubt

Die Fähigkeit zu träumen und Erträumtes dann auch noch zu realisieren, ist uns Erwachsenen meist abhanden gekommen, müssen wir doch im Alltag der Realität ins Auge schauen und unsere wahren Bedürfnisse hinten anstellen. Wir sollten es ab und zu doch wagen; der eigene Garten ist unabhängig von seiner Größe dafür ein ideales Gebiet, in das uns niemand hineinreden kann. Bedenken seitens der Nachbarn oder der Verwandten sollten wir getrost über Bord werfen, niemand sollte uns bei der Gestaltung des eigenen, meist für viel Geld erworbenen Grundstücks hineinreden. Lassen wir also uns selbst und unsere Kinder träumen und schaffen für sie (und damit auch für uns!) ein privates Stückchen Erde, in dem sie und auch wir wieder Kinder sein können, Abenteuer erleben dürfen und Begegnungen mit Pflanzen und Tieren haben. Naturnah angelegte Gärten bieten dafür die besten Voraussetzungen.

Kinderträume von Gärten

Kinder träumen von modellierter, strukturierter Gartenlandschaft, von „Bergen“ und „Tälern“, von Höhlen und Verstecken, von eigenen Geheimnissen. Fast alle wollen Wasser im Garten, verschlungene Wege, Kletterfelsen, Gebüsche, Bäume und freie Flächen. Sie wünschen sich auch Blumen und Tiere im Traumgarten.
Gibt man ihnen eine vorgegebene Fläche (z.B. ein ausrangiertes Tablett), Modelliermasse und genügend Naturmaterialien, die man vorher gemeinsam gesammelt hat, schaffen sie – ohne dass Erwachsener sich einmischen – wunderschöne Gartenmodelle naturnaher und kindgerechter Gärten. Lässt man sie dagegen Pläne zeichnen oder Pappmodelle bauen, kommen dabei meist die üblichen rechtwinkligen und fantasielosen Gartenmodelle heraus, die man allerorts verwirklicht sehen kann.
Fragen wir Kinder nur nach ihren Vorstellungen von einem Garten, nennen sie oft Dinge, die den üblichen konfektionierten Gärten und Spielplätzen erschreckend ähneln. Woher sollen sie auch die Vorstellung nehmen, wenn sie es nicht anders kennen? Besser ist es da schon, sie nach ihrem „Traumgarten“ zu fragen, nach dem Ort, den sie sich in ihren Fantasien vorstellen. Dann können sie ohne Rücksicht auf die Bedenken seitens der Erwachsenen oder irgendwelcher Vorgaben ausdrücken, wie sie sich ihren Spielraum erträumen.
Je älter die Kinder sind, desto mehr

Errungenschaften der Zivilisation halten im Traumgarten Einzug: Ein Gartenhaus statt der Höhle, ein Swimmingpool anstelle des Teiches. Oft sind es auch nur vermeintliche Gegensätze, die es zu bewältigen gilt: Schwimmteiche beispielsweise ermöglichen es, die beiden scheinbar gegensätzlichen Bedürfnisse nach einem Pool und einem naturnahen Teich zu verwirklichen. Auch der Ordnungssinn wächst bei Kindern mit zunehmendem Alter, wobei die Bereitschaft zum Helfen bei der Pflege eher abnimmt. Ob dies eine alterstypische Entwicklung ist oder eher mit gesammelten Erfahrungen zusammenhängt, ist schwer zu sagen.

Typische Wünsche nach Altersgruppen

2 bis 6 Jahre	Sandkiste; Wasser zum Matschen; Kinderhäuschen; Schaukel; Wipptiere; Rutsche; Platz zum Rädchen- und Rollerfahren
7 bis 11 Jahre	Baustelle zum Matschen, Graben und Hütten bauen; Teich; Höhle; Baumhaus; Kletterbaum; Schaukel mit Klettermöglichkeiten; Tiere; Hügel zum Runtersausen; Bolzplatz; Inlineskater-Bahn
12 bis 16 Jahre	Basketballplatz, Streetballkorb, Tischtennisplatte; Swimmingpool; großes Gartenhaus für Partys und Übernachtungen; Grillplatz; Hängematte; Pavillon; Pferdestall
Erwachsene	Repräsentationsgrün, Terrasse zum Entspannen und Feste feiern, Nutzgarten, Gewächshaus, pflegeleichte Flächen, dekorative Pflanzen

Wünsche ergründen

Damit Ihnen und Ihren Kindern der Garten zu allen Jahreszeiten gefällt und die Gestaltung ein stimmiges Bild ergibt, ist es wichtig, die Atmosphäre des „Traumgartens" einzufangen. Dazu machen alle Familienmitglieder am besten zu ruhiger Musik eine Entspannungsübung von einigen Minuten, in denen sie nur an ihren Traum von einem Garten, frei von allen Vorgaben und praktischen Zwängen, denken. Anschließend werden alle Vorstellungen und geträumten Empfindungen wie Geräusche, Gerüche, die eigene Situation im Raum (auf der Wiese liegend, auf Pfaden wandelnd), Farben und Temperaturempfindungen aufgeschrieben oder geschildert. Die Bedürfnisse sehr kleiner Kinder, die diese noch nicht formulieren können, kann man am besten durch ausführliches Beobachten ihres Spielverhaltens in der Natur herausfinden.

In Träumen neigen wir immer dazu, nur an den Sommer zu denken, aber stellen wir uns auch mal die anderen Jahreszeiten vor: Was mögen wir am Frühling am liebsten, was im Herbst? Welche Farben sehen wir gerne, welche Gerüche mögen wir? Und was lockt uns im Winter nach draußen? Verwerfen Sie bitte nicht ihre Gedanken und Träume als unrealistisch, natürlich können Sie nicht alle verwirklichen. Oftmals sind solche „Traumreisen" aber gute Ideenpools bei der Planung, und der ein oder andere Wunsch kann in abgewandelter Form doch noch in die Tat umgesetzt werden.

Spielbereiche

SINNVOLL PLANEN

Bei der Planung des Gartens ist es meist nicht einfach, sich beim Anblick einer von Baumaschinen verwüsteten Fläche einen schönen, in verschiedene Räume untergliederten und kindgerechten Garten vorzustellen. Neben der Wunschliste ist darum die Umsetzung in einer Planzeichnung eine wichtige Voraussetzung für eine sinnvolle Gestaltung.

Der Gartenplan

Pläne von Gartenarchitekten sind meist schwarz-weiße Strichzeichnungen, für den Laien ist dagegen eine farbige Zeichnung übersichtlicher. Ein selbst gezeichneter Gartenplan erfordert kein großartiges Zeichentalent, er sollte nur maßstabsgetreu (am besten 1:100) und erkennbar gezeichnet sein. Natürlich sollten seine Elemente funktional einander zugeordnet sein; richtige Abstände, Maße, Pflanzengrößen (hier nimmt man bei Gehölzen als Richtgröße den Entwicklungszustand nach zehn Jahren an) sollten gewahrt bleiben. Eine Kolorierung mit Buntstiften macht ihn übersichtlicher und für Kinder besser verständlich. Kopieren Sie aber Ihren Plan erst einige Male, bevor Sie ihn farbig anlegen.
Wichtig ist das Vermerken der Himmelsrichtung, markanter Nachbargebäude, dominierender Gewächse, schöner Ausblicke und anderer, das eigene Grundstück beeinflussender Bedingungen. Vom Architekten geplante Bäume und Sträucher haben oft lediglich

schmückende Funktion und sind nicht verbindlich. Bereits vorhandene sowie technische Einrichtungen, wie Strom- und Wasserleitungen oder Zisternen sowie Vorgaben durch das Gelände, sind dagegen bei der Planung unbedingt zu berücksichtigen, vorgeschriebene Abstände zu den einzelnen Einrichtungen einzuhalten. Außerdem können in Grünordnungsplänen oder landschaftspflegerischen Begleitplänen Ausgleichsmaßnahmen festgeschrieben worden sein, die Sie zuvor erfragen sollten. Wichtig sind auch die einzuhaltenden Mindestabstände zu Nachbargrundstücken, die Sie im Nachbarschaftsrecht Ihrer zuständigen Kommunalbehörde einsehen können (siehe auch Check-Liste Seite 19).

Als Grundlage dient meistens der Freiflächenplan beziehungsweise der Katasterplan, bei dem Sie alle feststehenden Gebäude, eventuell auch die der Nachbarn im richtigen Maßstab ergänzen sollten. Für Ihre Planungen können Sie ihn mehrfach kopieren. Bei Umgestaltungen sollten Sie auch alle erhaltenswerten baulichen oder pflanzlichen Gartenelemente, wie große Bäume, Hecken oder Mauern, berücksichtigen. Für Grundstücke mit großen Höhenunterschieden empfiehlt es sich, einen Extra-Plan mit eingezeichneten Höhenlinien beziehungsweise einen Geländeschnitt zu zeichnen.

Zu jedem Plan gehört auch eine Legende, die Auskunft über die einzelnen Gartenelemente, beispielsweise deren Größe und Materialbedarf gibt. Zusätzlich ist es ratsam, sich eine Liste mit dem geschätzten Kostenaufwand, zeitlichen Vorgaben beziehungsweise der Reihenfolge der Verwirklichung von einzelnen Elementen anzulegen. So können Sie die Baustellen-„Logistik" sinnvoll planen – besonders für anstehende Erdarbeiten mit Maschineneinsatz ist das unerlässlich. Zu einzelnen Gartenelementen sind außerdem Detail- und Pflanzpläne, Material- und Pflanzlisten hilfreich.

Je intensiver sich alle mit der Planung beschäftigen, desto reifer wird die Vorstellung vom gewünschten Garten, was Fehler bei der Umsetzung vermeiden hilft.

Auf einen Blick

Beim Zeichnen eines Gartenplanes müssen folgende Dinge vermerkt werden:

- Maßstab: z.B. 1:100
- Himmelsrichtung: Pfeil nach Norden zeigend
- Gebäude: mit Fenster- und Türausschnitten
- Nebengebäude: mit Türausschnitten, Zufahrten, auch angrenzende Nachbargebäude, verstellte Blicke, Schattenwurf
- Höhenlinien des bestehenden und geplanten Geländeverlaufes als feine Strichlinie, evtl. mit Maßangaben
- Höhenangaben vorhandener Gebäudeoberkanten (= GOK in cm), die zugleich als Fixpunkte für geplante Bauwerke dienen, z.B. die Terrassenoberkante (= TOK in cm)
- Wege und Treppen: Verlauf und geplante Stufenzahl, evtl. Belagsignatur
- Versorgungseinrichtungen: Wasserleitungen, Zisternen, Erdtanks, Stromkabel
- Gehölze: bestehende erhaltenswerte und geplante Gehölze mit Kronendurchmesser (Endgröße/Entwicklungszustand nach 10 Jahren)

Das Gartenmodell

Wem ein Gartenplan zu „zweidimensional“ ist, der sollte sich an ein Modell wagen, das oft die gewünschte Gestaltung viel besser ausdrücken kann und auch Höhenunterschiede anschaulicher wiedergibt. Es kann auf einer Holzplatte mit Knete oder Salzteig (Rezept siehe unten) modelliert und mit Naturmaterialien bestückt werden. Auch Umgestaltungen sind am Modell aus Modelliermasse jederzeit möglich. Kleine Fähnchen (z.B. aus Zahnstochern) mit Nummern markieren die einzelnen Gartenelemente, aus denen auch die Chronologie der Vorgehensweise hervorgeht. Eine Legende zum Modell gibt, wie auch beim Gartenplan, Auskunft über deren Größe und die nötigen Materialien. Sofern Sie sich um die richtigen Größenverhältnisse bemühen, kann ein selbst gefertigtes Modell eine sehr nützliche Vorgabe und Diskussionsgrundlage für die Gestaltung des Gartens sein. Sowohl beim Zeichnen eines Planes als auch beim Modellbau sollte man aber nicht versäumen, immer wieder das Gartengrundstück aufzusuchen und den Plan mit der Realität zu vergleichen. Ist das Wohnhaus schon vorhanden, lohnt es sich, öfter einen Blick aus verschiedenen Fenstern zu werfen, um die Wirkung des geplanten Gartens vom Hause aus zu überprüfen.

Das Modell aus Pappe, Knetemasse und Naturmaterialien zeigt anschaulich, wie der Spielbereich am Hang einmal aussehen soll

Tipp:

Selbst gemischter Salzteig als Knetmasse:
400 g Mehl mit 200 g Salz, 2 Esslöffeln Alaunsalz (aus der Apotheke), 400 g warmem Wasser und 2 bis 4 Esslöffeln Speiseöl verkneten. Die Knete kann mit Lebensmittelfarbe gefärbt werden, man benötigt allerdings große Mengen dafür. Knetreste kann man luftdicht verschlossen lange aufbewahren.

Vorschriften und Regeln für Gartenanlagen

Für alle baulichen Maßnahmen im Garten gibt es Vorschriften, die Sie unbedingt vor der Planung bei der zuständigen Behörde erfragen sollten. Sie gelten für Anböschungen und Abgrabungen, Zäune und Sichtschutzelemente, Pergolen und Klettergerüste, Carports und Gartenhäuser, Entsorgungs- und Kompostplätze sowie alle Gehölzpflanzungen. Da jedes Bundesland eine andere Landesbauordnung und jede Kommune eine eigene Ortssatzung hat, zudem für viele Baugebiete eigene Festlegungen im Bebauungs-

Beispiel für eine Check-Liste

Bei der Gartenanlage ist zu berücksichtigen:

Maßnahme	zulässige Höhe	einzuhaltender Grenzabstand	Auskunft von (Behörde)/am	Nachbar gefragt
Anböschung				
Abgrabung				
Zaun/Mauer				
Pergola				
Sichtschutz				
Gartenhaus				
Kompost				
Bäume				
Hecken				

plan gelten, können hier keine allgemein gültigen Regeln aufgestellt werden.
Sobald Sie sich bei den Behörden kundig gemacht haben, sollten Sie aber immer auch das Gespräch mit den Nachbarn suchen und diese über ihr Vorhaben informieren, denn nichts ist ärgerlicher als ein Nachbarschaftsstreit über eine Baumaßnahme im Garten. Gerade bei kleinen Grundstücken lohnt es sich, über gemeinsame Lösungen nachzudenken. So kann man sich beispielsweise auf eine Sichtschutzwand zwischen den Terrassen einigen, eine Hecke auf der Grundstücksgrenze gemeinsam pflanzen, Gartenhäuser und Kompost Seite an Seite stellen.
Für aufwändige Bauten wie größere Gartenhäuser kann es sich lohnen, diese als Baulast ins Grundbuch eintragen zu lassen, falls Sie die Grenzabstände nicht einhalten können. Dies erspart bei einem Eigentümerwechsel des Nachbargrundstücks allen Beteiligten viel Ärger.

Neu planen oder umgestalten?

Je nachdem, ob für Ihre Pläne einer familienfreundlichen Gartengestaltung die „Bauwüste" eines neu bebauten Grundstückes oder ein schon bestehendes Gartengelände vorliegt, müssen Sie unterschiedlich an die ersten Planungsschritte herangehen.

Gartenneuplanungen

Neubaugrundstücke, besonders solche in Reihenhauslage, sind meist lange schmale „Handtücher", die Sie auf alle Fälle in mindestens zwei Gartenräume im Verhältnis 1:2 untergliedern sollten. Dabei plant man in der Nähe des Hauses die starker genutzten Bereiche, weiter entfernt liegend die weniger genutzten Flächen oder Ruhezonen. Für Familiengärten eignet sich noch besser eine Dreiteilung in etwa gleich große Flächen, wobei der hinterste Teil den Kindern (außer Kleinkindern) vorbehalten sein sollte.

Der eingewachsene Garten eines älteren Hauses wird von den neuen Besitzern kindgerecht umgebaut

Eine Flächengliederung können Sie bei hanglagigen Grundstücken durch geschicktes Abtreppen des Geländes mit Trockenmauern erreichen. Zusätzlich können Sie die verschiedenen Ebenen mit unterschiedlichen Bodenbelägen oder Pflanzungen interessant gestalten. Ebene Grundstücke können Sie durch leichte Geländemodellierung oder geeignete Pflanzen untergliedern. Wählen Sie zur Abtrennung des Kinderbereichs aber nur robuste Sträucher und Stauden, die auch mal einen verirrten Ball und abgeknickte Zweige vertragen können. Aber auch ein Gebäude oder eine Pergola können einen schmalen Garten gliedern.
Unterschiedliche Bodenbeläge, Farbakzente durch Materialien oder Bepflanzung, aber auch die Wegeführung tragen ganz entscheidend zum Gesamtbild der Anlage bei. Ein Weg, der hinter einer Pflanzung verschwindet, gibt dem Garten etwas Geheimnisvolles. Auch die Wahl der Pflanzen, ihre Form, Farbe und Zusammenstellung beeinflussen das Gartenbild.

Gartenumgestaltungen
Bei Umgestaltungen bereits angelegter Gärten steht an erster Stelle die Frage, welche vorhandenen Elemente erhalten und in unsere Vorstellungen integriert werden sollen. Größere Bäume, besonders Laubbäume, sollten Sie auf alle Fälle zu erhalten versuchen, selbst abgängige Baumveteranen können je nach Stabilität noch für einige Jahre als Kletterbaum, als Gerüst für ein Baumhaus oder als Kletterhilfe für eine Rose dienen. Soll ein Baum gefällt werden, müssen Sie die Auflagen zum Baumschutz der jeweiligen Ortssatzungen beachten. Auch bestehende Hecken, selbst wenn sie nicht gerade aus Ihren Lieblingssträuchern bestehen, sollten Sie nicht vorschnell roden, denn es dauert einige Jahre, bis eine neu gepflanzte Hecke wieder ausreichenden Sicht- beziehungsweise Lärmschutz bietet. Bei bereits vorhandenen Gärten lohnt es sich auf alle Fälle, erst eine ganze Vegetationsperiode darin zu erleben, bevor man ans Umgestalten geht. Aufzeichnungen oder Anmerkungen im Gartenplan helfen, sich auch später noch an die Änderungswünsche zu erinnern.

Traumgärten verwirklichen

Bei aller Liebe zu den Kindern soll der eigene Garten aber auch den Erwachsenen etwas bieten, schließlich haben diese sich mit dem Bau oder Kauf eines Eigenheims einen Traum

erfüllt. Trotz aller Regeln und Sachzwänge ist es auch im kleinsten Garten möglich, durch geschickte Gestaltung einen Teil der gewünschten Atmosphäre zu realisieren:
So kann der richtige Baum mit Unterpflanzung am passenden Ort eine Waldstimmung verbreiten, die in einen bepflanzten Hang eingefügte Natursteintreppe die Herzen aller Kletterfans höher schlagen lassen und ein Gartenteich jeden Wasserfreund begeistern. Wer sich die Umsetzung seiner Gartenträume überhaupt nicht vorstellen kann, der sollte einen Gartenplaner zu Rate ziehen, der mit der Konzeption naturnaher Familiengärten Erfahrung hat. Adressen können Sie über den *B*und *d*eutscher *L*andschafts*a*rchitekten (BDLA), den Verein für naturnahe Gartengestaltung (Naturgarten e.V.) oder über das örtliche Branchenverzeichnis in Erfahrung bringen.
Die Umsetzung der verschiedenen Bedürfnisse in die Realität gelingt aber auch ungeübten Laien, wenn sie systematisch vorgehen und verschiedene Listen mit den gewünschten Gartenelementen, eine oder mehrere Planskizzen und/oder ein selbst gebasteltes Modell sowie eine Aufstellung der zeitlichen Arbeitsabläufe und geschätzten Kosten anlegen.
Hilfreich kann auch der Besuch von Gärten befreundeter oder fremder Gartenbesitzer sein: Über die Aktion regionaler oder überregionaler „Offe-

Mit wenigen Mitteln wird ein bestehender Garten für Kinder attraktiv

Wasser im Garten: naturnaher Blickfang, zum Spielen geeignet, aber auch eine Gefahrenquelle

Wunschvorstellung	Vorschläge zur Umsetzung im kleinen Garten
Wald	ein bis drei typische Waldbäume mit passender Unterpflanzung, ein kleiner Weg aus Rindenmulch, liegender Baumstamm oder -stubben zum Sitzen, Laub- und Totholzhaufen in einer schattigen Gartenecke
Wasser	kleiner Bachlauf, Sumpfgraben, Tümpel, Gartenteich, Badeteich, je nach Grundstücksform und -größe
Blumenwiese	Wiese mit Rasenpfaden, Wiesenstreifen anstelle von Stauden vor der Hecke, extensiv begrüntes Dach eines Gartenhauses
Bauerngarten	kleiner Nutzgartenteil mit Blumen gemischt oder symmetrisch gegliedert und mit Buchsbaum eingefasst
Cottagegarten	gemauertes Gartenhaus oder Klinkermauer, Stakketenzaun, typische Pflanzen und Dekorationselemente als Blickfang
Park	einzeln stehender großer Baum mit großzügiger Rasenfläche und optischem Bezug zu großen Nachbarbäumen, schöne Parkbank oder Statue
Felsgarten	Steingarten, Steinsetzungen auf Splittflächen, Trockenbeete, Dachbegrünung mit Steinsetzungen, Trockenmauern, Kräuterspirale

Ideen zur Umwidmung von Gartenelementen

Gartenelement vorher	Möglichkeiten der Umwidmung, wenn die Kinder groß sind
Vorgarten als Kinderspielbereich	Themengarten oder Nutzgarten
Sandgrube	Teich, vertiefter Sitzplatz, Grillplatz, Senkgarten
Sandplatz	Grillplatz, Themenbeet, Nutzgarten, „Beach-Volleyball"
Schaukelgerüst	Hollywood-Schaukel, Pergola, Laube, Gartenhaus
Kinderhaus	Tierhaus, Gartenhütte, Holzlager
Kinderbeet	Hochbeet, Aufbewahrungskiste
Weidentipi	Vogelbeobachtungsversteck, Sitzplatz, Geräteversteck, Rankgerüst für Kletterpflanzen
Heckenhäuschen	geschützter Sitzplatz, Tierquartier, Kompostplatz
Planschtümpel	Pflanzbeet für Sumpfpflanzen

ner Pforten“ kann man Privatgärten besuchen und sich inspirieren lassen. Adressen und Besuchszeiten werden in Gartenzeitschriften oder Büchern veröffentlicht. Auch Landes- oder Bundesgartenschauen, neuere öffentliche Parks und Spielplätze geben vielfältige Anregungen. Sie sollten genau überlegen, was Ihnen gefallen hat, was Sie selbst gerne hätten, welche Bedingungen vergleichbar sind. Dabei sollten Sie alles schriftlich festhalten und fotografieren. Ebenso hilft der Besuch eines Volkshochschul-Kurses, Fehler bei der Gartenplanung zu vermeiden.

Wenn Sie bei der Planung immer alle Gartenteile mit einbeziehen, also auch den Vorgarten, die Streifen rund ums Haus, Zufahrten, Fassaden und begrünbare Dächer, lassen sich oft mehr Wünsche verwirklichen, als Sie anfangs glauben möchten.

Kombination verschiedener Ansprüche

Die Liste der Wünsche aller Familienmitglieder ist oft lang und nicht komplett zu realisieren. Oft ist jedoch eine Mehrfachnutzung verschiedener Gartenelemente möglich. Neben der Wunschliste ist es daher sinnvoll, eine Tabelle mit verschiedenen Funktionsbereichen und deren Nutzungsmöglichkeiten zu erstellen.
Anhand der eigenen Auflistung zeigt sich dann bald, dass viele Gartenelemente sowohl räumlich als auch in zeitlicher Abfolge mehrere Funktionen übernehmen können. Die große Terrasse zum Feiern kann unter der Woche auch zum Wäsche trocknen, Rädchen fahren oder Tischtennis spielen genutzt werden, das Kräuterbeet ist nützlich und kaschiert dekorativ eine scharfe Hausecke oder Stufe, der Hang kann zum Klettern und Rutschen und gleichzeitig als Staudenbeet, Nutz- oder Steingarten dienen.
Auch das Heranwachsen der Kinder sollte immer bei der Planung bedacht werden: Aus einer Sandgrube kann nach einigen Jahren ein kleiner Teich entstehen, das Schaukelgerüst wird zur Pergola mit Sitzplatz für Jugendliche umfunktioniert, der Spielplatz kann zum Grillplatz werden.
Wenn Sie solche Umwandlungen von vornherein mitbedenken, ist eine Umgestaltung nach einigen Jahren kein großer Eingriff in den mittlerweile eingewachsenen und eingezäunten Garten, da er in Eigenleistung von der Familie, meist ohne Maschineneinsatz und damit kostengünstig ausgeführt werden kann.

Verschiedene Funktionsbereiche und deren Mehrfachnutzung

Gartenelement	Möglichkeiten für die Mehrfachnutzung
Garage	Geräteschuppen, Dachterrasse, „Baumhaus“ für Kinder auf dem Dach
Garagenzufahrt	Rädchen fahren, Tischtennis, Korbball, Badminton, Boule
Terrasse	Sitzen, Kinderspiele, Wäsche trocknen, Tischtennis, Kegeln
Böschungen	Hochbeete (Treppenbeete), Duftbeete neben Treppe, Rutsche, Klettergarten, Steingarten
Vorgarten	Kinderspielplatz, Aufbewahrung der Geräte, Fahrräder u.a., Themengarten
Weidentipi, Weidentunnel	Gartengliederung, Sichtschutz, Spielhaus
Heckenverstecke	Abgrenzung zu Nachbar, Gartengliederung, Sichtschutz, Spielraum, Wildobst
Gartenhaus	Geräteschuppen, „Baumhaus“ auf dem Dach, Holzlager unterm Dachüberstand, Spielhaus, Regenwasser-Sammelstelle
Pergola	Schaukelplatz, Kombi-Spielgerät, Sicht- und Sonnenschutz, Gartengliederung, Rankgerüst

Gartenpläne

SELBST ENTWERFEN

Die folgenden Seiten zeigen ganz unterschiedliche Planungsbeispiele von kind- und familienfreundlichen Gartengestaltungen. Die Grundstücksgrößen sind ähnlich dimensioniert und ausgerichtet wie viele heutige Neubaugrundstücke. Hier finden Sie Komplett- oder Teillösungen für Ihr eigenes Gartenparadies – lassen Sie sich inspirieren!

Ein Reihenhaus-Garten

Unsere „Musterfamilie“ hat ein Kleinkind und zwei größere Kinder im Vorschulalter. Anfangs wird der Garten in zwei Spielzonen unterteilt, mit dem Größerwerden der Kinder kann erst die Sandkiste an der Terrasse, später auch

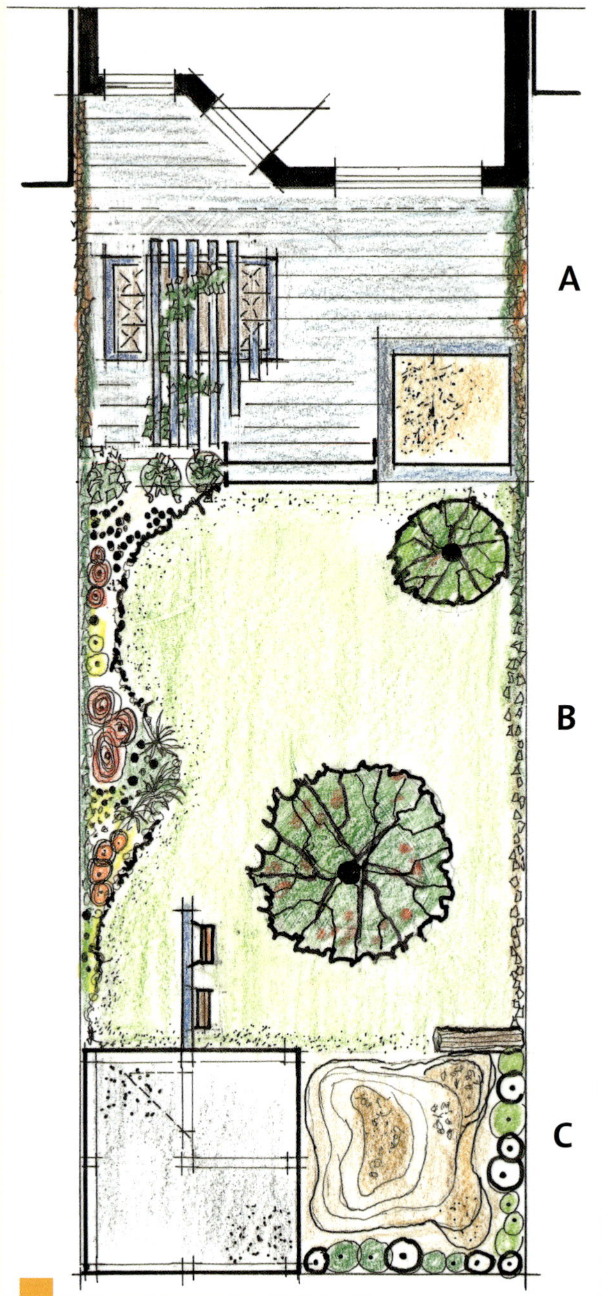

Die Eltern teilen sich die Terrasse mit dem Kleinkind, die größeren Kinder haben im unteren Gartenteil eine eigene Spielzone

Gartenteil A

- Holzterrasse mit großzügigen Stufen als Übergang vom Haus zum Garten
- Pergola mit Begrünung oder Sonnensegel, als Sitzgelegenheit: feste Bank-Tisch-Kombination, die ganzjährig draußen bleiben kann.
- Sandkiste für die Kleinsten.
  Ideen zur Umnutzung: Umwandlung in ein Wasserbecken, ein Kräuterbeet oder einen kleinen Steingarten.
- Begrünte Sichtschutzwände zum Abschirmen der Terrasse gegen die Nachbarn; Bau des Pflanzgrabens für die Kletterpflanzen: Vor dem Bau der Holzterrasse die Lagerhölzer etwa 30 cm von der Grundstücksgrenze wegrücken, einige der Dielen 10 cm kürzer schneiden und die Triebe der Klettergewächse hindurch führen.

Gartenteil B

- Kleine Beete, bepflanzt mit wenigen, sorgfältig ausgewählten Zwerggehölzen, Stauden und Gräsern.
- Alternative: Beete vor spielenden Kindern anfangs mit einem niedrigen Maschendrahtzaun schützen oder die ersten Jahre ganz darauf verzichten.
- Intensiv genutzte Rasen- und Spielfläche, deren Boden vor der Ansaat stark abgemagert werden muss, damit er nicht vernässt. Vorteil: Die Gräser wachsen dann auch nicht so üppig wie auf reinem Mutterboden, was häufiges Mähen und Beseitigen des Schnittgutes erspart.
  Ideen zur Umnutzung: Rasenfläche später in pflegeleichten Blumenrasen umwandeln

die Kinderbaustelle neben der Gartenhütte entfallen. Die Gartenhütte kann zunächst innen von den Kindern genutzt werden, später bekommen die Jugendlichen auf dem Dach ein „Baumhaus“ mit Sonnensegel.

oder bei genügend Zeit nach Bodenverbesserung Staudenbeete anlegen.
- Tipps für kleine Gärten: Begrünte Zäune nehmen weniger Platz als eine Hecke ein, kleinkronige Hochstämme, Halbstämme, und Stammbüsche benötigen weniger Platz als ausladende Obstgehölze und lassen sich einfacher beernten und pflegen.

Gartenteil C
- Kleines Gartenhaus mit begehbarem Flachdach als Stauraum und Spielhaus, kann durch abnehmbare Seitenwände an den Platzbedarf im Innern der Hütte angepasst werden.
- Überdachter Außenplatz als Holzlager und zum Unterstellen von Gartenmöbeln oder Arbeitsgeräten.
- Ideen zur Umnutzung: Auf dem Dach einen Hochsitz mit Geländer und Sonnensegel bauen; einen Firstbalken des Daches verlängern, abstützen und zum Anhängen einer Schaukel oder Hängematte nutzen.
- Platz neben der Hütte anfangs als Kinderbaustelle nutzen, wo man das ablaufende Regen wasser der Dachfläche hinein leitet.
- Idee zur Umnutzung: Bau eines geschützten Grillplatzes oder eines kleinen Nutzgartens (dann das Dachwasser auffangen und zum Gießen nutzen!)

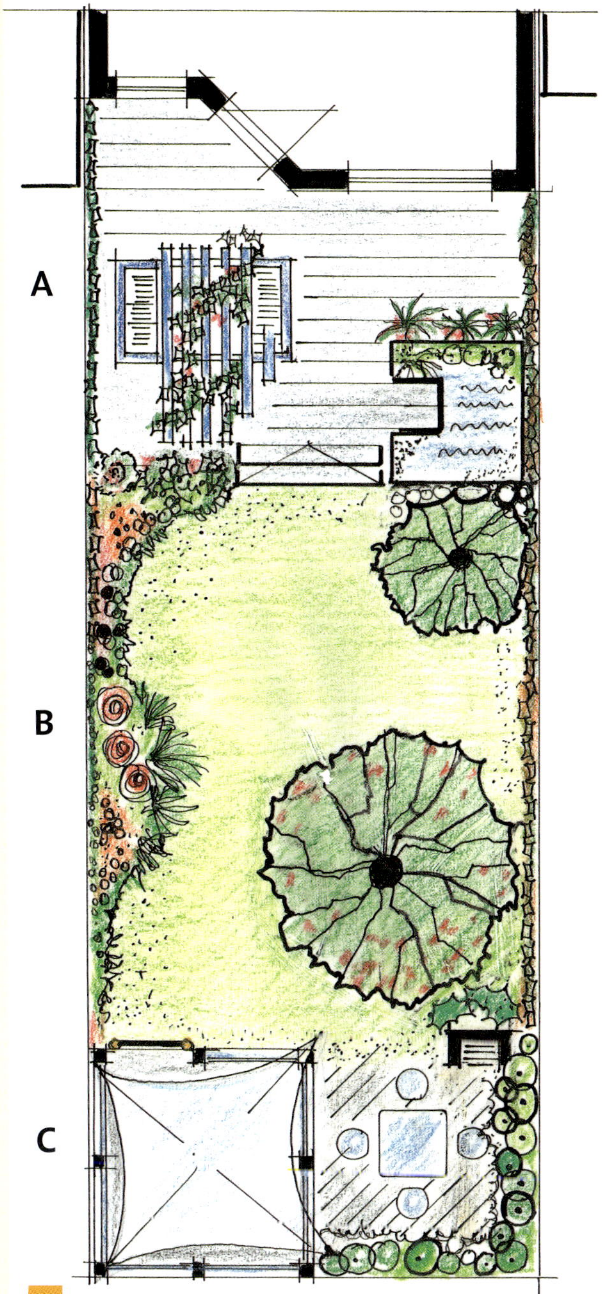

Bald verschwindet der Sandkasten von der Terrasse, nach weiteren Jahren kann auch der Matschplatz umgewandelt werden

Bei diesem Beispiel handelt es sich um eine Neugestaltung mit Ideen für eine geplante Umgestaltung, wenn die Kinder herangewachsen sind. Unsere „Musterfamilie“ besteht aus den Eltern und zwei Kleinkindern. Der Garten einer Doppelhaushälfte in Ecklage wird anfangs von einer großzügigen Rasen-

Gartenteil A

- Terrasse: Holzdeck mit großzügigen Stufen, die die Höhendifferenz zum Garten auffangen.
- Gepflasterter Platz mit darunter liegender Zisterne.
- Abgestuftes Kräuterbeet, das die Hausecke füllt, die Kelleraußentreppe kaschiert und trockenen Fußes von Wohnzimmer und Küche aus zu erreichen ist.
- Gegenüber liegende Terrassenseite: begrünte Sichtschutzwand mit abgestuftem Staudenbeet als Übergang vom Holzdeck zum Rasen.
- Großzügige Rasenfläche, die von einer freiwachsenden, „bunten“ Hecke zum Nachbarn hin und einem lebenden Weidenzaun auf der Wegseite begrenzt wird.
- Kleinkroniger Baum, der als Schattenspender dient und später unterpflanzt werden kann.

Gartenteil B

- Untergliederung des langgestreckten Gartens in drei ähnlich große Teile.
- Selbst gebautes Spielgerüst mit Kinderhaus, einer Rutsche sowie zwei Schaukelplätzen. Ideen zur Umnutzung: Das untere Kinderhaus kann erst zum Kaninchenstall und spä-

In den ersten Jahren ist der Garten auf die Bedürfnisse der kleinen Kinder zugeschnitten, die hier toben, klettern, rutschen, schaukeln und sich verstecken können. Das Kombigerüst kann nach und nach um ein Kinderhaus und einen Hochsitz erweitert werden

fläche und einem selbst gebauten Kombi-Spielgerüst dominiert. Nach und nach kann dieses den Bedürfnissen der Kinder angepasst werden, indem ein Hochsitz auf dem Kinderhäuschen, aus diesem ein Tierstall, aus der Sandgrube ein Teich, aus dem Weidenversteck ein Sitzplatz entsteht.

ter zum Grillplatz umfunktioniert werden, die Sandgrube wird zum kleinen Teich.

– Heckenversteck aus Weiden in Tipiform stellt einen Bezug zum Kinderhaus her.
  Idee zur Umnutzung: die Weiden auf passende Höhe herunter schneiden und den Eingang erweitern; die ramponierte Rasenfläche durch Natursteine ersetzen und so einen ebenen, trockenen Sitzplatz schaffen.
– Beet mit heimischen Stauden und Gräsern zwischen Teich und Hecke als zusätzliche Überwinterungshilfe für Insekten und Amphibien.

Gartenteil C

– Rasen als Spielfläche für die Kinder.
– Nutzgarten in Form von Treppenbeeten auf einem kleinen Wall aus überschüssigem Oberboden (oder Aushub).
– Kompostsilo
– Begrüntes Gartenhaus, unter dessen Dachüberstand das Kaminholz lagert. Ablaufendes Dachwasser wird in einer Tonne aufgefangen und zum Gießen des Nutzgartens verwendet.
  Ideen zur Umnutzung: Umwandlung des Rasens zu einer naturnahen Wiese, in die man Rasenpfade zum Obstbaum, zu den Beeten und zur Hütte mäht.

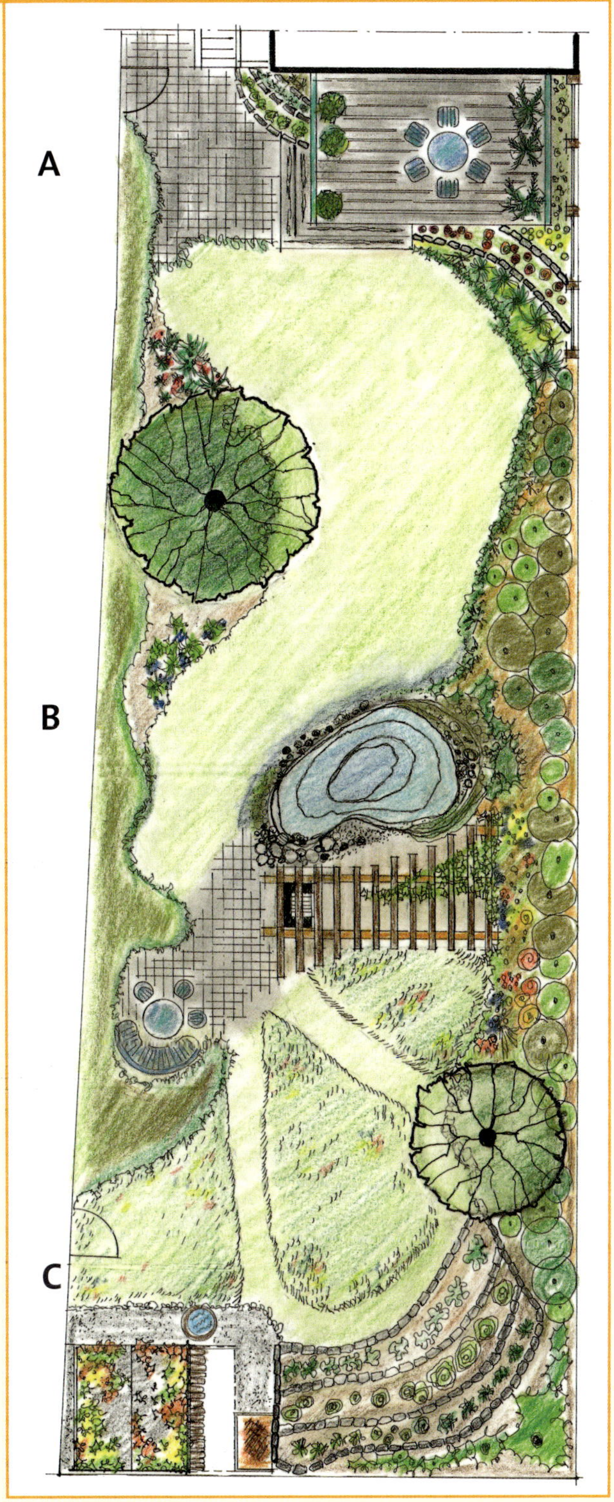

Nach etwa 10 Jahren können die Jugendlichen bei der Umgestaltung des mittleren Gartenteils zu einem gepflasterten Sitz- und Grillplatz mit Teich und Pergola mithelfen. Der Rasen in der unteren Gartenhälfte kann sich zur Blumenwiese entwickeln

So wurde der Garten von der jungen Generation übernommen; die Großeltern hatten ihn als reinen Nutzgarten bewirtschaftet

Bei diesem Beispiel handelt es sich um ein Siedlungshaus der fünfziger Jahre mit großem Nebengebäude und reinem Nutzgarten. Er zeigt deutlich, wie sich die Bedürfnisse an einen Garten im Verlauf der Jahrzehnte und mit dem Besitzerwechsel ändern können:
Der Garten wurde bisher als reiner, inzwischen verkleinerter Nutzgarten bewirtschaftet. Ein großes Nebengebäude diente früher als Werkstatt und soll auch weiterhin diese

Gartenteil A

- Teile der alten Pflasterfläche bleiben zum Roller- und Rädchenfahren erhalten, wobei alle eckigen Konturen durch Abschrägen der Ränder aufgelöst wurden.
- Eine leicht erhöhte Holzterrasse trennt ruhiges von Bewegungsspiel und bindet die große Werkstatt optisch besser in den Garten ein.
- Im Kinderhaus vor der Werkstatt können die Kleinen spielen und ihre Spielsachen aufbewahrt werden.
- Fassaden und ein Zaun wurden mit Kletterpflanzen, ein weiterer Zaun mit einer Hecke als Sichtschutz begrünt.

Gartenteil B

- Naturnaher Spielplatz mit Sand- und Matschgrube, einem Weidenversteck sowie einem Baumhaus für die größeren Kinder.
- Wegebeläge aus einer dicken Holzhäcksel-Schicht ersetzen die Betonplatten.
- Auf der gegenüber liegenden Seite: kleiner Staudengarten.
- Neu gepflanzter Baum, der dem Sitzplatz beim Kinderhaus Schatten spendet.
- Daran angrenzend: Kleiner Biotopgarten mit Wildblumenwiese, Stein- und Totholzhaufen und einer Hecke zum Beobachten von Tieren und Pflanzen.
- Flaches Wasserbecken, das zum Spielen und als Vogeltränke dient und den Platz für einen später zu realisierenden Brunnen markiert.

Funktion erfüllen. In unserer „Musterfamilie" werden neben den zwei eigenen Kindern weitere in Tagespflege betreut, weshalb ein großzügiger Spielbereich nötig ist. Aber auch die Erwachsenen und die Natur sollen nicht zu kurz kommen. Darüber hinaus wurde darauf geachtet, die Arbeiten in Eigenleistung, kostengünstig und unter weitgehender Erhaltung beziehungsweise Wiederverwendung alter Materialien ausführen zu können.

Der Generationenwechsel macht eine Umgestaltung nötig, die den Bedürfnissen der jungen Familie entspricht. Durch die Aufteilung in vier unterschiedliche „Zimmer" wirkt der Garten größer und abwechslungsreicher. Drei neue Bäume und viele Sträucher sowie Kletterpflanzen rahmen ihn ein und geben Sicht- und Windschutz

Gartenteil C

- Nutzgartenteil mit Beeten, Kompostplatz und Kräuterspirale, Abgrenzung vom Biotopgarten beziehungsweise Spielbereich durch eine Hecke, eine großzügige Schaukelkonstruktion sowie liegende Baumstämme.
- Ein Weg zum Kompostbehälter unterteilt den Nutzgarten in einen intensiv genutzten Gemüsegarten und in eine extensive Obstwiese. Diese wird nur vor der Ernte einmal jährlich gemäht und stellt einen Bezug zur Blumenwiese mit Baum im Biotopgarten her.
- Beete und Frühbeete sind als Hochbeetkästen so konstruiert, dass sie auch von den Kindern bewirtschaftet werden können. Ein Holunderbusch und ein Halbstamm oder Stammbusch kaschieren die Kompostmiete und bewahren sie vor raschem Austrocknen.

Grüne Nischen

NATURNAH BEPFLANZEN

Grüne Nischen aus Gehölzen gliedern den Garten und sind beliebte Versteckplätze für Kinder. Bei der Gestaltung stehen Ihnen mehrere Möglichkeiten offen: Pflanzen Sie eine Strauchgruppe flächig in den gewachsenen Boden, modellieren und bepflanzen Sie Wälle und Vertiefungen oder erstellen Sie lebende oder begrünte Bauten – Geborgenheit vermitteln sie alle.

Mit kindgerechten Geräten können auch die Kleinen bei der Gartengestaltung tüchtig mithelfen

Die Form der meisten Grundstücke und die unterschiedlichen Ansprüche ihrer Benutzer machen eine Unterteilung in verschiedene Räume nötig. Außerdem wirkt jeder Garten optisch größer und ästhetischer, wenn er in unterschiedliche Bereiche gegliedert wird. Zusätzlich entsteht eine geheimnisvolle Komponente, wenn Gartenräume verborgen liegen und leicht geschwungene Wege dorthin führen. Mit Raum bildenden Gehölzen und der richtigen Anordnung der einzelnen Gartenelemente kann auch aus einem kleinen Garten ein vielfältig nutzbares Paradies entstehen, das jedem seiner Bewohner etwas bietet. An erster Stelle stehen Überlegungen zu Standortbedingungen, die dann in der zukünftigen Neuplanung oder Umgestaltung Eingang finden. Vor der Bepflanzung werden aber in beiden Fällen alle anfallenden Erdarbeiten getätigt, die Sie möglichst im Sommer bei trockenem Boden ausführen (lassen) sollten. Im folgenden Herbst schließt sich dann das Pflanzen der Gehölze an, die allerdings einige Jahre Entwicklungszeit benötigen, bevor sie den Garten prägen.

Standortbedingungen im Garten

Damit Ihr geplantes Gartenparadies auch tatsächlich grün wird, müssen Sie im Vorfeld den Pflanzenstandort überprüfen und eventuell den Boden an die Bedürfnisse der Pflanze anpassen.

Der Gartenboden

Der „gewachsene“ natürliche Boden ist ein komplexes Ökosystem, in dem physikalische, chemische und biologische Faktoren zusammenwirken. Wird seine physikalische Struktur durch Verdichtung zerstört, kann der Boden weder Wasser noch Luft auf-

Verschiedene Böden, ihre Eigenschaften und Verwendungsmöglichkeiten

Böden und ihre Eigenschaften	Zuschlagstoffe bei der Nutzung als: Rasen	Spielplatz	Nutzbeet	Gehölzpflanzung	Feuchtbiotop
Sandige Böden rieseln in trockenem Zustand durch die Finger; haben wenig Wasserspeichervermögen; sind leicht zu bearbeiten; sind nährstoffarm	keine	keine	Kompost, Rindenhumus, Gesteinsmehl	Kompost, Rindenhumus, Hornspäne	nur mit Abdichtung (Folie, Ton...) möglich
Lehmige Böden kleben in feuchtem Zustand an den Fingern; in trockenem Zustand bilden sich Risse, haben ein hohes Wasserspeichervermögen; sind schwer zu bearbeiten; sind nährstoffreich, wobei die Nährstoffe fest an die Bodenteilchen gebunden sind	Sand	viel Sand	Kompost, ggf. auch Sand	etwas Sand und/oder Kompost	bei sehr lehmigen Böden Bau mit Verdichtungsmaßnahmen ohne Folie möglich
Humose Böden sind dunkel gefärbt; vermitteln ein weiches Gefühl zwischen den Fingern; sind meist locker in ihrer Struktur; duften nach Waldboden bzw. Pilzen; haben hohes Wasserspeichervermögen; sind meist nährstoffreich	viel Sand einbringen oder Oberboden abtragen	am besten Oberboden abtragen und Sand in Rohboden untermischen	keine	keine	Oberboden abtragen und für Nutzbeete verwenden, Unterboden mit Folie/Ton abdichten
Böden unter alten Gehölzen sind meist ausgelaugt und bei Nadelgehölzen auch versauert; enthalten kaum noch Stickstoff; sind meist sehr trocken	Kompost, Rindenkompost, ggf. Sand und etwas Algenkalk	Sand	Kompost, Hornmehl oder ähnl. organische Stickstoffdünger, ggf. Kalk	Kompost, Hornspäne	nicht direkt unter Gehölzen wegen des Eintrags organischer Masse bauen

nehmen. Infolge der geänderten chemischen und biologischen Eigenschaften sterben Bodenlebewesen ab. Dadurch wird er ungeeignet als Pflanzsubstrat für Ihren Garten.
Vor jeder Baumaßnahme ist es daher sinnvoll, sich ein Bild vom eigenen Boden zu machen, denn es gibt ganz verschiedene Böden, die unterschiedlich verwendbar sind. Meist ist eine einfache Bodenanalyse von Mutterboden und Unterboden mit Spaten und Fingerprobe völlig ausreichend und kann auch von einem Laien durchgeführt werden. Haben Sie allerdings Zweifel an der chemischen Beschaffenheit, sollten Sie eine Analyse von einem Bodenlabor durchführen las-

sen, die auch Auskunft über die physikalischen Eigenschaften gibt.
Nach dem Hausbau ist es gängige Praxis, den getrennt gelagerten Oberboden gleichmäßig über den ramponierten Rohboden zu verteilen. Das sieht zwar ordentlich aus, ist aber sehr unzweckmäßig, da so die entstandenen Schäden am Unterboden vertuscht werden. Der durch Baumaschinen verdichtete Boden muss zuvor erst wieder aufgelockert werden, damit keine Stausohle entsteht, sich der Ober- mit dem Unterboden gut verzahnen kann und die Gehölze später ausreichend Wurzelraum haben.
Mit Hilfe der Baumaschinen wird auch gleich eine grobe Geländemodellierung vorgenommen: Hanglagige Grundstücke werden terrassiert, Wälle aufgeschüttet, Wege und Plätze eingetieft, die geplante Teichfläche ausgehoben und die Uferzonen vorgestaltet. Dann wird der Unterbau von Wegen und Plätzen hergestellt, Dränagen gelegt, Ver- und Entsorgungsleitungen verlegt, Zuschlagstoffe zur Bodenverbesserung untergemischt oder ein kompletter Substratwechsel vorgenommen.
Für alle diese Arbeiten sollten Sie jetzt schon wissen, wie Ihr Garten einmal aussehen soll, denn dort, wo später Wege verlaufen, die Terrasse, der Spielplatz oder die Gartenhütte stehen sollen, benötigen Sie keinen Mutterboden, und auch alle Boden verbessernden Maßnahmen und die Wahl der Zuschlagstoffe sind von der späteren Nutzung abhängig.

Das Gartenklima

Neben der Bodenbeschaffenheit ist das Klima im Garten ein wichtiger Faktor, den Sie kennen sollten, bevor Sie den Garten bepflanzen. Das Wettergeschehen vor Ort können Sie natürlich nicht ändern. Sie können aber mikroklimatische Bedingungen schaffen, die einen angenehmen Aufenthalt im Garten erlauben, wenn es in der unmittelbaren Umgebung zu heiß oder kalt, zu windig oder stickig ist.
Pflanzen sind wichtige Klimaverbesserer: Sie werfen Schatten, erhöhen die Luftfeuchtigkeit, halten Wind ab, verzögern den Bodenfrost und schützen Fassaden vor Sonne und Schlagregen. Aber auch die Gebäude, das Bodenrelief und die verwendeten Bodenbeläge beeinflussen das Mikroklima im Garten.
Beziehen Sie in alle Überlegungen immer die Himmelsrichtung, die vorherrschende Windrichtung bei verschiedenen Wetterlagen, den Schattenwurf zu den verschiedenen Tages- und Jahreszeiten und die Aktivitäten aller Familienmitglieder im Tages- und Jahreslauf ein. So macht es beispielsweise keinen Sinn, einen Spielplatz mit Morgensonne anzulegen, da die Kinder in der Regel vormittags in Schule oder Kindergarten sind. Ebenso sind aufwändige Schattierungen meist überflüssig, wenn die Familie die heißen Mittagsstunden woanders als im Garten verbringt. Auch ein Sitz- und Grillplatz im Westen lässt uns zwar die Abendsonne genießen, ist aber nur einladend, wenn man vor

Ein Sonnensegel lässt sich im Winter leicht abmontieren und verstauen

den vorherrschen Westwinden geschützt ist. Steinerne Sitzplätze fühlen sich von Herbst bis Frühjahr meist kalt und feucht an, sind aber im Sommer in der Lage, die Sonnenwärme bis in den Abend hinein zu speichern. Holz dagegen trocknet schnell ab und fühlt sich warm an, ist aber kein guter Wärmespeicher und setzt im Schatten schnell Algen- oder Moosablagerungen an.

Erdbewegungen im Garten

Bei der Ausgestaltung des Gartens müssen Sie sich mit Fragen zur Gartenaufteilung, der Modellierung und optischen Gliederung des Geländes auseinander setzen, damit ein gelungenes Gesamtkonzept entsteht.

Geländemodellierung

Die Geländemodellierung und die Verteilung der Erdmassen sollten stets zuerst geplant und ausgeführt werden, wozu alle anfallenden Erdmassen vom Hausbau, Teich- oder Grubenaushub grob berechnet und gleich richtig umverteilt werden. Dabei muss nährstoffreicher Oberboden von magerem Unterboden immer getrennt gelagert und verarbeitet werden. Wo später Wege verlaufen sollen, der Spielplatz geplant ist oder eine artenreiche Blumenwiese gedeihen soll, ist Mutterboden aufgrund seines Humusanteils unerwünscht, außerdem sollten Sie diesen wertvollen „Gartenschatz“ für die anspruchsvolleren Pflanzbereiche aufheben.
Bei der Mengenberechnung bestehender Erdhaufen ist zu berücksichtigen, dass diese durch Auflockerung etwa

Steile Rasenflächen sind schwer zu pflegen, aber für Kinder bieten sie eine Menge Spaß

30 % mehr Volumen haben als später im eingebauten Zustand beziehungsweise als gewachsener Boden. Aufwändigere Erdarbeiten werden am besten mit Hilfe von Maschinen ausgeführt, weshalb es sinnvoll sein kann, schon beim Ausheben des Kellers das Gelände grob modellieren zu lassen. Meist wird in der Bauphase der Boden nur im Sinne von Grundstück angesehen und völlig vergessen, dass auf beziehungsweise in ihm einmal Pflanzen gedeihen sollen. Leider zerstören schwere Baumaschinen die natürliche Bodenstruktur, deshalb sollten sie nur bei größeren Erdmassenbewegungen eingesetzt werden. Gerade beim Hausbau neigen die ausführenden Firmen dazu, sich über das ganze Grundstück auszubreiten und damit den Gartenboden überall zu verdichten. Das spätere Auflockern ist sehr arbeitsintensiv und teuer, deshalb sollten Sie zusammen mit dem Architekten im Vorfeld genau abzustecken, wo Mutterboden-, Unterbodenmieten und Baumaterial gelagert werden und auf welchen Flächen Maschinen fahren dürfen. Außerdem muss vertraglich geregelt werden, welche Schadensersatzforderungen bei Nichteinhaltung der Vereinbarungen auf den Bauunternehmer zukommen.

Verschiedene Geländeniveaus

Kleine und ebene Grundstücke gewinnen optisch an Größe, wenn sie mit Höhenunterschieden gestaltet werden. Allerdings muss man berücksichtigen, dass der Mensch Höhen in Relation zu seiner eigenen Körpergröße wahrnimmt. So wird alles, was größer ist als man selbst, oft als riesig empfunden. Vertiefungen und Wälle für Kinder sollten deshalb nicht mehr als etwa 1 m Höhendifferenz haben. Für Erwachsene werden sie so als niedrig und unauffällig empfunden; für Kinder sind es ausreichend hohe „Täler“ und „Burgen“.
Hanglagige Grundstücke unterteilt man in mehrere Ebenen. Diese sollten verschieden groß sein und nicht überall parallel zueinander verlaufen. Eine kurvige Gestaltung in Anlehnung an den natürlichen Geländeverlauf wirkt abwechslungsreicher und großzügiger. Die entstehenden Geländestufen

und Stützmauern dürfen 1 m Höhe nicht übersteigen, da sie sonst künstlich wirken und zudem instabil sind. Steiles Gelände sollten Sie eher in mehrere Terrassen aufteilen, anstelle eine große Stufe zu schaffen, die zudem nur mit großem technischem Aufwand abgestützt werden kann. Mäuerchen von 45 bis 60 cm Höhe können gleichzeitig als Sitzflächen dienen, mehrere Terrassen von etwa 80 cm Höhe und 90 cm Breite können Sie als bequem zu bearbeitenden Nutzgarten angelegen.
Zum Unterteilen der Gartenräume können Sie den Verlauf von Wegen und Treppen geschickt ausnutzen. Bei ebenen Grundstücken kann man oft auf Gartenwege verzichten, Hanggrundstücke müssen mit Treppen und für Schubkarren befahrbaren Rampen und Pfaden geplant werden.

Treppenbeete mit Trockenmauern gliedern den Hang und sind von Kindern und Erwachsenen leicht zu pflegen

Gliedernde Gartenelemente

Bei der Abgrenzung von Gartenteilen stehen Ihnen vielfältige Möglichkeiten offen, die zumeist in Eigenleistung realisiert werden können. Hier eine Auswahl, wie Sie mit wenig Aufwand viel Ergebnis erzielen können.

Bepflanzte Wälle, vertiefte Plätze

Bei ebenen Grundstücken eignen sich als Abgrenzung zu Straßen, als Lärm-, Wind- und Sichtschutz sanft ansteigende, mit robusten Sträuchern bepflanzte Erdwälle aus Rohboden. Überschüssiger Oberboden kann eventuell in Hoch- oder Terrassenbeeten untergebracht, als kleiner Pflanzwall aufgeschüttet und bei der Pflanzung von anspruchsvolleren Gehölzen verwendet werden. Die schräge Fläche eines bepflanzten Walls sollte für die Pflanzen mindestens 1 m Breite auf jeder Seite betragen.
Zur Abgrenzung von Spielbereichen wie Sandplätzen, Matschgruben und anderen Kreativecken für Kinder eignen sich kleine bepflanzte Wälle mit geschwungenem oder halbrundem Verlauf. Man schüttet dazu Rohboden in mehreren Arbeitsschritten auf und

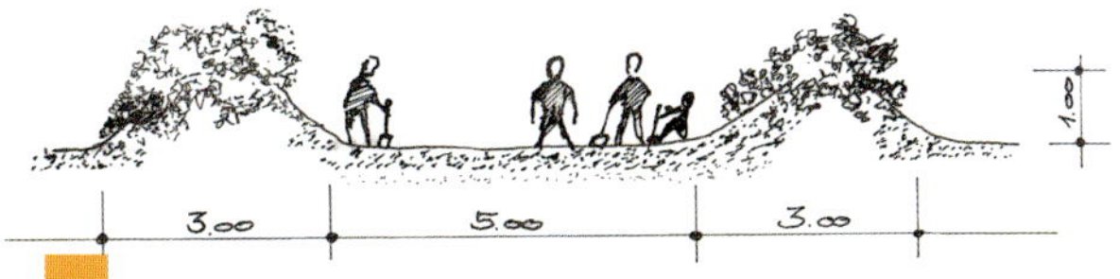

Niedrige bepflanzte Wälle schaffen Geborgenheit und trennen den Spielbereich vom übrigen Garten ab

Dieser Wall schützt vor Einblicken und erlaubt Ausblicke, das „Amphitheater" ist für alle Familienmitglieder vielseitig nutzbar

Bepflanzung von Böschungen

Geeignete Gehölze für Böschungen im Garten bei sonnigem bis halbschattigem Standort:

- Berberitze (*Berberis vulgaris*)
- Blau-Weide (*Salix caesia*)
- Felsenbirne (*Amelanchier ovalis*)
- Kriech-Weide (*Salix repens* 'Bergen')
- Kornelkirsche (*Cornus mas*)
- Purpur-Weide (*Salix purpurea* 'Nana')
- Sand-Weide (*Salix arenaria*)

Trockenheit ertragende Stauden/Halbgehölze zur Unterpflanzung/als Begleitpflanzen:

- Lavendel (*Lavandula angustifolia*)
- Salbei (*Salvia angustifolia*)
- Sonnenröschen (*Helianthemum* in Sorten)
- Teppich-Heckenkirsche (*Lonicera pileata*)
- Thymian (*Thymus* in Arten und Sorten)
- Zwerg-Spieren (*Spiraea japonica/bumalda*)

Für sonnige bis halbschattige Bereiche, die von den Kindern nicht betreten werden sollen, eignen sich folgende Rosen-Arten:

Bibernell-Rose (*Rosa pimpinellifolia*)
Blaue Hecht-Rose (*Rosa glauca*)
Wein-Rose (*Rosa rubiginosa*)
Zimt-Rose (*Rosa majalis*)

Tipp:

Bedenken Sie beim Anlegen eines lauschigen Plätzchens immer die Tageszeit, zu der es vorrangig genutzt werden soll. Wählen Sie die Böschungswinkel und die Bepflanzung so, dass der Platz auch im Frühling und Herbst bei niedrigerem Sonnenstand (Sommer- bzw. Winterzeit beachten!) zur Zeit seiner Nutzung beschienen wird.

verdichtet ihn von oben und an den Seiten, bis die Endhöhe von etwa 1 m erreicht ist. Der Böschungswinkel sollte etwa 30° Neigung haben, auf keinen Fall aber mehr als 45°. Daraus ergibt sich eine doppelte bis dreifache Breite im Verhältnis zur Höhe des Walls. An der Spitze sollte der Erdwall etwa 0,5 m breit und abgeflacht sein, an der Basis in Form einer Hohlkehle auslaufen.

Für die Bepflanzung im Herbst werden Pflanztaschen gegraben. In jedes Pflanzloch gibt man eine Schaufel Mutterboden oder Kompost. Die Pflanzen werden etwa 20 cm tiefer gesetzt als der sie umgebende Boden: Einerseits setzt sich der Hügel noch, andererseits muss eine Gießmulde am unteren Rand des Pflanzloches bestehen bleiben. Aufgeschüttete Wälle sind sehr trocken und sollten nur im Herbst mit den dafür geeigneten Gehölzen bepflanzt werden.
Man kann aber auch vertiefte geschützte Plätze (Senkgärten) schaffen und den dabei entstehenden Hang bepflanzen, der allerdings nicht mehr als 30° Neigung haben sollte. Ein solcher Platz muss etwa 30 cm tiefer ausgehoben und dann mit grobem Schotter oder Kies wieder aufgefüllt werden, damit sich ansammelndes Wasser abziehen kann. Bei sehr bindigem Untergrund kann es nötig werden, über einen Dränagegraben mit Schotterpackung oder ein Plastik-Dränagerohr überschüssiges Wasser abzuleiten.
Auf die Kiesschicht wird eine etwa 5 cm dicke Schicht aus Sand oder Splitt aufgebracht und verdichtet, darüber kommt dann der endgültige Bodenbelag aus Feinkies oder Pflaster. Bei einem Belag aus Rindenmulch oder Holzhäcksel verhindert ein darunter gelegtes Vlies, dass humose Bodenteilchen in die Dränageschicht eingewaschen werden (und die Poren verstopfen).
Die Pflege bepflanzter Wälle ist am Anfang nicht ganz einfach. Eine Mulchdecke aus losem Material rutscht leicht ab und ist daher ungeeignet, das Jaten von unerwünschten Kräutern recht mühsam. Am schönsten und natürlichsten sieht es aus, wenn man zwischen die Gehölze gleich bodendeckende Stauden oder Zwerggehölze (siehe Kasten links) mit einpflanzt. Man kann aber genauso gut nach dem Einwachsen der Gehölze alle Wildkräuter tolerieren, da sie immer weniger Konkurrenz für die inzwischen kräftigen Gehölze darstellen.

So bauen Sie eine Trockenmauer:

- Markieren Sie sich die Grundfläche Ihrer Trockenmauer und heben Sie etwa 30 cm Boden aus, verdichten Sie die Grubensohle.
- Füllen Sie die Grube mit grobem Bauschutt oder Kies (Körnung 16/32 mm) für guten Wasserabzug und verdichten Sie das Dränagematerial mit einem Handstampfer.
- Legen Sie zuunterst die größten Steine, weiter oben die kleineren Steine oder Platten. Unterfüttern Sie gegebenenfalls wackelnde Steine mit flachen Steinen oder Erde.
- Achten Sie beim Aufschichten der Steine auf eine leichte Neigung, die vom Mauerfuß bis zur Mauerkrone etwa 15 % betragen sollte.
- Hinterfüllen Sie Sand, magere Erde, Bauschutt oder Bruchsteine nach jeder Steinlage, das wirkt als Dränage und stabiles Widerlager.
- Vermeiden Sie Stoßfugen (= senkrechte Fugen), die über mehr als zwei Steinhöhen gehen.
- Setzen Sie die Reihen immer um eine halbe Steinlänge versetzt zueinander, damit keine instabilen Kreuzfugen entstehen.
- Schließen Sie das Bauwerk an der Mauerkrone mit einer Reihe kleinerer Steine oder Platten ab; plattig gebrochenes Material kann auch senkrecht als "Rollschicht" gesetzt werden.

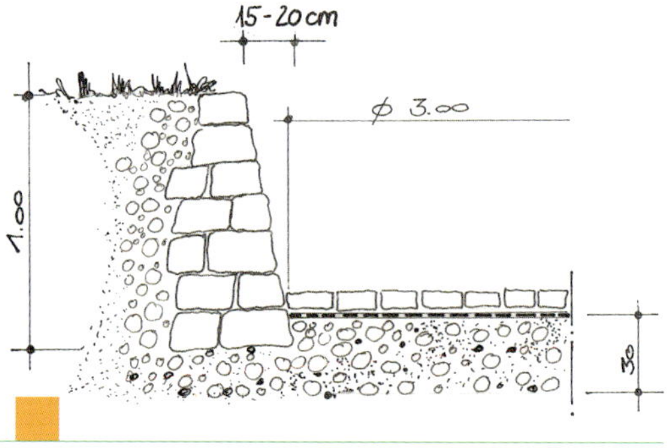

Die Trockenmauer stützt den Hang und bietet dem gepflasterten Platz Windschutz und gespeicherte Wärme

Trockenmauern

Zum Abstützen von Geländeterrassen, Böschungen oder Senkgärten eignen sich am besten Trockenmauern aus Natursteinen, die auch vom Laien gebaut werden können, wenn gewisse Grundregeln (siehe Kasten Seite 41) beachtet werden.

Betontreppen mögen für Erwachsene geeignet sein, für Kinder sind die abenteuerlichen Aufstiegshilfen aus Stein und Holz wesentlich interessanter

Treppen

Treppen sind meist nicht nur zur Überwindung von Höhenunterschieden nötig, sondern auch wichtige Gestaltungselemente im Garten. Planen Sie Treppen etwas breiter, als sie benötigt werden, denn das gibt einem Garten Großzügigkeit. Sind mehr als fünf Stufen nötig, sollte auf alle Fälle ein Richtungswechsel mit Podest eingeplant werden.

In Hausnähe sollte eine Treppe so dimensioniert und gestaltet sein, dass sie auch für Blumentöpfe und andere Dekorationen geeignet ist. Für kleine Kinder sind Treppen auch Spielorte für erste Kletterkünste und Mutproben. Kinderfreundlich und auch zum Sitzen geeignet sind Holztreppen, in schattigen Gartenecken bemoosen sie aber schnell. Bauen Sie Treppen immer so natürlich wie möglich in den Geländeverlauf mit ein und flankieren Sie sie mit duftenden Stauden und Gehölzen, damit jeder Aufstieg zum Erlebnis wird.

Für den Kinderspielbereich sind unregelmäßige Treppen viel abenteuerlicher und keineswegs gefährlicher als genormte. Diese können wie ein Kletterfelsen (mit Natursteinen in Magerbeton) gestaltet werden, Sie können aber auch in eine Natursteinmauer eingebaute, auskragende große Steinplatten verwenden.

Quer liegende Baumstammabschnitte, von senkrechten Pfosten gehalten, werden von Kindern auch gerne benutzt. Bei Umgestaltungen, denen Bäume zum Opfer fielen, kann man

Nicht nur das Herunterrutschen, auch der Aufstieg kann zum Erlebnis werden, besonders wenn dieser Spielhügel mit duftenden Gehölzen bepflanzt wird

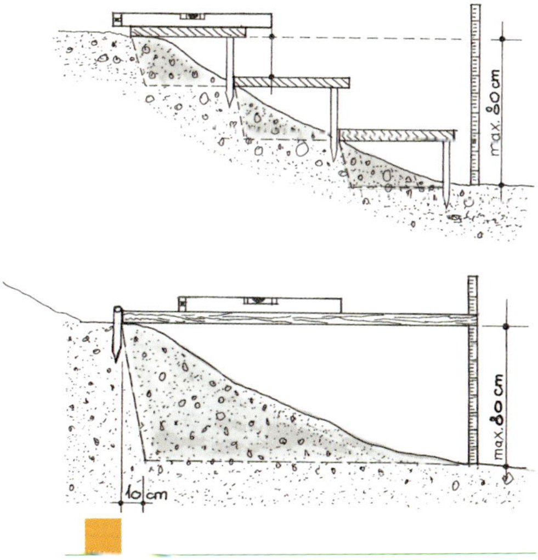

Bestimmung des Gefälles

aus zwei langen Stämmen Holme und aus kurzen Stücken Sprossen für eine „liegende Leiter“ bauen. Als Handlauf werden an senkrechten Pfosten dicke Taue gespannt.

In Verbindung mit einer Hangrutsche macht das Treppenlaufen natürlich noch viel mehr Spaß. Dazu kann man beim Altmetallhändler nach einer alten Rutsche fragen oder eine neue kaufen, die man dann von der Aufstiegsleiter abtrennt und in den Hang einbaut. Ist die Rutschfläche stumpf, können die Kinder auf Kokos(fuß)matten hinunter rutschen.

Das Geländegefälle für die Neigungsstärke der Rutschfläche können Sie

Polsterpflanzen verleihen diesem Splittweg Schwung, sehen schön aus und machen Kantensteine überflüssig

mit einer Richtlatte bekannter Länge, einer Wasserwaage und einem Zollstock selbst bestimmen. Dabei ist die Höhendifferenz zur Ebene (in cm) auf 1 m Länge das Gefälle in Prozent.
Soll es geändert werden, schlagen Sie am besten Pfosten so ein, dass ihre Oberkante der Höhe des geplanten Geländeverlaufs entspricht und sie die Erdarbeiten nicht behindern.
Überprüfen Sie gegebenenfalls vorher die Geländeform mit einem Seitenansichtsplan. Wer sich bei der Geländegestaltung überfordert fühlt, sollte unbedingt eine Fachperson zu Rate ziehen, die Vermessungen durchführt, Pläne zeichnet, Massen berechnet und zumindest die maschinellen Erdarbeiten anleitet und überwacht.

Wege und Einfassungen

Wege sind wichtige Gestaltungselemente, mit denen man bestimmte räumliche Wirkungen erzielen kann. Sie sollten stets einen leicht geschwungenen Verlauf haben, damit sie natürlich und zufällig wirken. Ihre Breite ist von der Nutzung abhängig. Will man zu zweit nebeneinander gehen oder sich begegnen können, benötigt man etwa 120 cm Auftrittsbreite. Versorgungswege für Schubkarren benötigen nur eine Befestigung von etwa 50 cm. Bei allen Wegen sollten Sie eine ausreichende lichte Weite – also genügend Raum ohne in den Weg hinein- oder herabhängende Zweige – berücksichtigen.
Je nach Bepflanzungsart an den Seiten des Weges muss man seine Breite und den Verlauf anders planen. Vermeiden Sie auf alle Fälle schmale Streifen unterschiedlicher Nutzung entlang des Weges, sie sind schwer zu pflegen und sehen nicht schön aus.
Meistens reicht es völlig aus, stark begangene Pfade im Garten mit Sand oder Splitt abzumagern. Am besten hebt man den Oberboden 10 bis 30 cm tief aus und füllt den Weg mit Kies, Splitt oder Sand auf.
Bei lehmigem, verdichteten Rohboden muss man allerdings erst eine Drängeschicht aus grobem Schotter einbauen, außerdem überschüssiges Wasser

Wege mit einem Polster aus Rindenmulch lassen sich leicht pflegen und angenehm begehen

über ein Dränagesystem abführen. Danach füllen Sie eine Ausgleichsschicht Sand ein – je nach Oberfläche des Belags mit einem Längs- oder Seitengefälle von bis zu 2 %. Dort hinein betten Sie dann Ihr Belagsmaterial. Wege, deren Belag sich ohne Kantensteine im Rasen verliert, oder Mulchwege zwischen Gehölzpflanzungen sehen sehr natürlich aus und lassen sich unaufdringlich in den Garten einbinden. Falls Sie – beispielsweise bei Rindenmulch- oder Kieswegen – auf keinen Fall auf eine Einfassung verzichten möchten, eignen sich liegende Stämme, die zur Hälfte in den Boden gegraben werden. Gekrümmte Stämme können Sie gut für natürlich wirkende Kurven verwenden.
Als Abgrenzung zwischen einem Beet und dem Rasen sehen auch bündig mit dem Bodenniveau abschließende, in Reihe verlegte Natur- oder Betonsteine, Voll- oder Lochziegel schön aus. Man kann sie mit leicht geschwungenem Verlauf verlegen und mit dem Rasenmäher befahren, was das Rasenkantenschneiden erspart. Sind sie sauber verlegt, stellen sie auch keine gefährlichen Stolperfallen für Kinder und Erwachsene dar. Polsterartig über den Wegrand wachsende, robuste Pflanzen können bei geschickter Anordnung auch einem gerade verlaufenden Weg Schwung verleihen.
Da sich Kinder selten an den vorgegebenen Wegeverlauf halten, ist es sinnvoller, erst einmal zu beobachten, wie sie sich den Garten erschließen und wo Pfade im Garten entstehen. Man kann sie dann später immer noch nach praktischen und ästhetischen Gesichtspunkten befestigen.

Gehölze und Hecken

Gehölzgruppen lenken den Blick und bestimmen so die Blickachse, besonders wenn ein leicht geschwungener Weg zu ihnen hin und um sie herum führt. Bei kurzen Grundstücken kann durch eine Gehölzgruppe am hinteren Ende eine größere Grundstückstiefe vorgetäuscht werden, bei langen schmalen Grundstücken schafft eine Gehölzgruppe inmitten des Gartens eine optische Verkürzung. Zwei Gehölzgruppen an den Seiten wirken wie ein „Tor" zum hinteren Gartenteil; bei versetzter Anordnung der Gruppen können sie die Tiefenwirkung steigern.

Für die Kinder bedeuten mehrere, nah beieinander liegende Verstecke viele Spielmöglichkeiten, denn zur Rückzugsmöglichkeit kommt jetzt noch die des sozialen und kreativen Spiels hinzu.

Eine locker gepflanzte Gehölzgruppe eignet sich als grüne Höhle, wenn man sie entsprechend bepflanzt und den Boden mit einer 10 cm dicken Schicht aus Sand, Holz- oder Rindenschnitzeln mulcht. Eine Dreierguppe Birken mit einem Halbrund aus schattenverträglichen, robusten Sträuchern (siehe Kas-

Bei fachgerechtem Bau und guter Pflege sieht ein Weideniglu schon im zweiten Jahr so grün aus ten rechts), einigen Baumstubben oder Stammstücken als Sitzgelegenheit dient kleinen Kindern als Versteck, den größeren später zum Aufspannen der Hängematte oder zum Anlegen eines kleinen Gartens.

Hecken oder auch an Grundstücksgrenzen gelegene Strauchgruppen können Kindern Versteckmöglichkeiten bieten, wenn sie nicht streng in Reihe, sondern mehrreihig versetzt mit Lücken gepflanzt werden. Es versteht sich von selbst, dass keine giftigen, stacheligen oder dornigen Pflanzen verwendet werden und dass der Boden zwischen den Sträuchern gemulcht werden muss. Die Kinder schaffen sich dann bald selbst ihre Geheimgänge und grünen Höhlen, was eingewachsenen, robusten Pflanzen nicht schadet. Allerdings kann man die Hecke erst nach zwei bis drei Jahren zum Spielen freigeben, da sonst die Wurzeln Schaden erleiden. Bei vorhandenen dichten Hecken auf eingewachsenen Grundstücken kann man einige Pflanzen entfernen und so Versteckmöglichkeiten schaffen. Sägen Sie dazu die schwächsten Sträucher so knapp wie möglich über dem Boden ab, damit sich die Kinder nicht verletzen, oder roden Sie die Pflanzen mitsamt Wurzelballen.

Alle Heckenverstecke sollten mehrmals im Jahr von Erwachsenen inspiziert werden; dabei sollten sie alle nach innen stehenden Äste, besonders in Augenhöhe der Kinder, entfernen. Selbstverständlich müssen diese Aktionen vorher angekündigt werden, damit die Kinder ihre Geheimnisse bewahren können.

Ungiftige, unbewehrte Sträucher für Heckenverstecke im Halbschatten oder Schatten, Pflanzabstand: 30 bis 50 cm

- Alpen-Johannisbeere (*Ribes alpinum*)
- Feldahorn (*Acer campestre*)
- Feldulme (*Ulmus carpinifolia*)
- Hainbuche (*Carpinus betulus*)
- Hasel (*Corylus avellana*)
- Traubenkirsche (*Prunus padus*)

Lebende Bauwerke

Eine Steigerung zu den Heckenverstecken, jedoch aufwändiger zu bauen, sind lebende Bauten. Hier gibt es verschiedene Bauweisen:

- **Bauwerke aus eingewachsenen Sträuchern**, deren Zweige miteinander verflochten werden, bieten als grüne Zelte oder Häuser von Frühling bis Herbst Spielmöglichkeiten für Kinder. Sie können bei entsprechender Größe aber auch noch Jugendlichen und Erwachsenen später als grüne Lauben oder schattige Sitzplätze dienen; man braucht dazu nur den Eingangsbereich frei zu schneiden. Entfernt man die ganze Kuppel, kann aus dem grünen Zelt eine Hecke für einen kleinen Sitzplatz werden.
- **Bauwerke aus bewurzelten Steckhölzern oder jungen Sträuchern** benötigen zwei bis drei Jahre Entwicklungszeit, bis der Neuaustrieb lang genug für einen Kuppelbau ist. Man pflanzt sie in einen vorbereiteten Graben mit et-

Die verflochtenen Triebe von Weidenbauten bieten selbst im Winter Spiel- und Versteckmöglichkeiten und sehen dabei dekorativ aus

wa 30 cm Abstand und schneidet alle Triebe bis auf den längsten ab. Zur Stabilisierung der anfangs zarten Pflänzchen kann man waagerecht einen Ring aus Hasel- oder Weidenruten einflechten.
Sind die Pflanzen größer geworden, wiederholt man den Vorgang ein „Stockwerk" höher. Bevor die Endgröße des Weidenverstecks erreicht ist, kann man auch schon beginnen, lange Seitentriebe schräg einzuflechten. Beginnen Sie mit der Pflanzung bereits bei der Geburt des Kindes, hat das grüne Häuschen die richtige Größe, wenn das Kind darin spielen möchte.
In schattigen oder halbschattigen Lagen und in der Nähe von Bäumen wachsen Weiden nur schlecht oder verkahlen. Hier sollten Sie grüne Häuser aus Schatten tolerierenden, bewurzelten Heckensträuchern pflanzen und bei genugender Größe miteinander verflechten. Das Dach sollte man aber erst zusammenbinden, wenn die gewünschte Firsthöhe erreicht ist, denn verholzende Pflanzen wachsen bekanntlich nur an den Spitzen. Zum Binden eignet sich beipielsweise umwickelter Rebendraht, man muss aber auch hier darauf achten, dass Kinder sich nicht verletzen können. Da der Boden unter alten Gehölzen meist stickstoffarm ist, sollten Kompost und Hornspäne mit in den Pflanzgraben gegeben werden. Anschließend wird mäßig, aber regelmäßig gewässert.

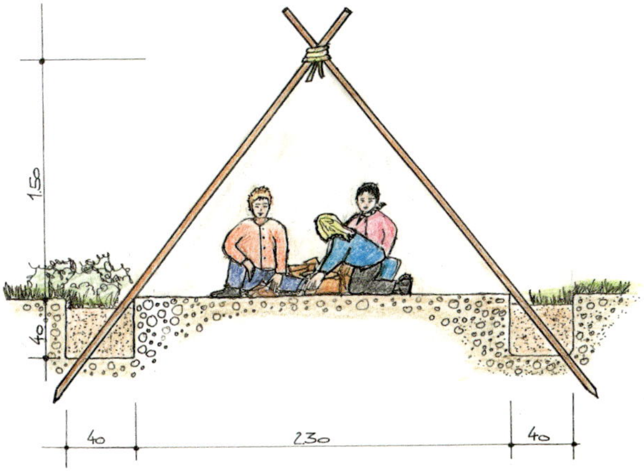

Schematischer Aufbau eines Weidentipis

Bedenken Sie bei der Pflanzung immer auch die spätere Nutzung mit und platzieren Sie Ihr lebendes Bauwerk entsprechend (siehe auch Tabelle Seite 22).

- **Bauwerke aus unbewurzelten Weidenruten** vom Kopfweidenschnitt auf ebenen, besonnten Geländeabschnitten sind seit einigen Jahren besonders beliebt. Dazu werden geeignete Weiden-Arten (siehe Kasten Seite 50) im Winter geschnitten, kühl und feucht gelagert und im März ein bis zwei Tage zur Erhöhung der Elastizität gewässert. Anschließend steckt man sie in einen vorbereiteten Pflanzgraben von mindestens 40 cm Tiefe. Die Länge der Gerüst bildenden dicken Weidenruten sollte 2,50 m nicht unterschreiten, da sie schräg zusammenlaufen, zu einem Viertel in der Erde stecken und an der Spitze zu einem Weidentipi zusammengebunden werden.

Geeignete Weiden-Arten für lebende Bauten	
Bezeichnung (deutsch/botanisch)	**Merkmal**
Silber-Weide (*Salix alba*)	junge Zweige gelb-orangefarben
Dotter-Weide (*Salix alba* subsp. *vitellina*)	junge Zweige hellgelb bis rot, oft hängend
Korb-Weide (*Salix viminalis*)	junge Zweige grün bis bräunlich
Lorbeer-Weide (*Salix pentandra*)	dunkelroter bis brauner Austrieb
Mandel-Weide (*Salix triandra*)	junge Zweige zimtbraun, Rinde löst sich bei älteren Zweigen in Fetzen ab
Purpur-Weide (*Salix purpurea*)	biegsame, purpurrote bis rot-braune Zweige
Spitzblättrige Weide (*Salix acutifolia*)	zähe, biegsame, rotbraune Zweige

- **Weidenbauten mit Kuppeldach** bieten einen größeren Innenraum als Tipis, allerdings sind sie auch schwieriger herzustellen. Dazu werden 2 bis 3 m lange Weidenruten als Bogen gespannt und mit beiden Enden etwa 30 bis 40 cm tief eingegraben. Anschließend werden flexible Weidenruten diagonal und kreuzweise eingeflochten, die alle Bodenkontakt zum Bewurzeln und Begrünen haben müssen.

Pflege von Weidenbauten

Die anschließende Bewässerung bis zum Herbst ist für alle Weidenbauten sehr wichtig, damit die Weidenruten Wurzeln bilden und nach dem Austrieb nicht verdursten. Entweder gießt man den vertieften Pflanzgraben jeden zweiten Tag mit dem Schlauch so lange, bis sich eine Pfütze bildet, oder man legt nach dem Bau einen gelochten Schlauch in den Graben und lässt ständig oder stundenweise Wasser versickern.

Neben der Bewässerung im ersten Halbjahr besteht die Pflege der Weidenbauten im Entfernen langer Spitzentriebe und dem richtigen Einflechten neuer Triebe. Dazu muss man wissen, dass jeder waagerecht gebogene Trieb neue senkrechte Seitentriebe bildet, die dann ihrerseits bei ausreichender Länge waagerecht eingeflochten werden können. Das Bauwerk wird auf diese Weise immer dichter, nach einigen Jahren sogar im Winter ohne Blätter. Wenn es genügend dicht geworden ist, schneidet man überzählige Triebe ab.
Für den Bau von lebenden Weidenhäuschen, -tunneln und -zäunen eignen sich nicht alle Weiden-Arten (siehe Tabelle oben). Da sie schwer zu bestimmen sind, kann man sich an die grobe Regel halten, dass alle Weiden-Arten mit rundlichen Blättern ungeeignet sind.
Weidenruten werden im Winter bei Pflegemaßnahmen der kommunalen Grün- und Freiflächen geschnitten und

können dann an Selbstabholer abgegeben werden. Bezugsquellen kann man über die Grünflächenämter, Naturschutzbehörden sowie über Naturschutz- und Landschaftspflegeverbände erfragen.
Für welche Bauweise Sie sich auch entscheiden: Zusammen als Familie oder mit einigen Helfern kann der Bau von Weidenhäusern viel Spaß machen.

Begrünte Bauwerke

Steht Ihnen kein geeigneter Platz für geräumige Bauten in Lebendbauweise zur Verfügung, können begrünte Bauwerke den selben Zweck erfüllen: Beispielsweise die uns aus Kindertagen bekannten Indianerzelte aus Bohnenstangen, die mit einjährigen Kletterpflanzen (z.B. Schwarzäugige Susanne, Prunkwinde oder Feuer-Bohne) jedes Jahr aufs Neue bepflanzt und im Winter abgebaut werden.
Man kann aber auch Kinderhäuser aus fertigen Sichtschutzelementen zusammenbauen und anschließend mit ausdauernden Kletterpflanzen begrünen. Pflanzkübel mit integrierten Sichtschutzelementen, die man zusammenrücken und mit einem „Dach“ versehen kann, eignen sich dagegen nur für einjährige Kletterpflanzen, da die Pflanzerde im Winter durchfriert. Sie bieten aber den Vorteil von pflegeleichten Kinderbeeten direkt am begrünten Kinderhaus.
Für fest installierte Bauwerke und Sichtschutzwände verwendet man ausdauernde Kletterpflanzen, die nicht viel Platz benötigen. Planen Sie dafür ein genügend großes Pflanzloch von etwa 30 × 30 cm Größe und 40 cm Tiefe ein. Nachdem Sie im Frühjahr oder Herbst die üblicherweise getopfte Ware in lockere, mit Kompost angereicherte Gartenerde gepflanzt haben, sollten Sie die Pflanzen zum Anwachsen einige Wochen lang bewässern. Später muss eine Bewässerung durch den Regen sichergestellt sein, weshalb Kletterpflanzen nicht im Regenschatten oder unter Dachüberständen gepflanzt werden können. Man kann sie aber mittels eines Stabes oder eines Rankgitters zur Gebäudewand lenken. Bei begrünten Kinderhäusern sollten Sie die Pflanzen und die Pflanzscheibe mit Palisaden, Steinen oder einem kleinen Zaun anfangs gut schützen, damit sie von den Kindern im Spieleifer nicht zertreten werden.

Ungiftige, unbewehrte Kletterpflanzen zur Begrünung von Kinderhäuschen für sonnige bis halbschattige Lagen:

a) Rankhilfe nötig
Alpen-Waldrebe (*Clematis alpina*)
Duft-Wicke (*Lathyrus odoratus*)
Feuer-Bohne (*Phaseolus coccinea*)
Gewöhnliche Waldrebe (*Clematis vitalba*)
Hopfen (*Humulus lupulus*)
Mongolische Waldrebe (*Clematis tangutica*)
Wald-Platterbse (*Lathyrus sylvestris*)
Wilder Zier-Wein (*Parthenocissus quinquefolia*)

b) Keine Rankhilfe nötig
Kletterhortensie (*Hydrangea petiolaris*)
Selbstklimmender Zier-Wein (*Parthenocissus tricuspidata* 'Veitchii')
Trompetenblume (*Campsis radicans*)

Holzbauten

KREATIV GESTALTEN

Der Traum vom Eigenheim scheint uns Menschen schon im zartesten Alter inne zu wohnen. Man braucht nur Kinder aller Altersstufen beim freien Spiel zu beobachten um festzustellen, wieviel Zeit sie auf den Bau von Behausungen verwenden. Dagegen bieten vorgefertigte Kinderhäuschen nur eingeschränkte Möglichkeiten, die eigene Kreativität zu entfalten.

Überlassen wir den Kindern selbst den Bau ihrer Behausungen, fordert das von uns sicher eine große Portion Toleranz. Das ist für die Kinder aber wesentlich reizvoller, als wenn sie ein von Erwachsenen gefertigtes Haus vorgegeben bekommen. Da der Bau das eigentliche Spiel darstellt, wird solch eine selbst gefertigte Behausung ständig umgebaut, ist mal Hütte, mal Schloss, wird zum Schiff oder zur Eisenbahn. Ein genügend großer Lagerplatz für wetterfeste Holzreste ist daher ratsam.
Nachdem wir in unserem Garten die Spielecke für die Kinder festgelegt und alle Gehölze gepflanzt haben, warten wir am besten ab, wo sich die Kinder ihren Bauplatz aussuchen. Dazu geben wir ihnen große Kartons und Pappen und beobachten, wo und wie sie sich ihr Haus ausrichten. Kleinere Kinder wählen dafür sicherlich ein geschütztes Eckchen mit Sichtkontakt zur Terrasse, wo die Eltern am häufigsten verweilen. Etwas größere Kinder bevorzugen ein abgeschiedenes, nicht einsehbares Plätzchen und die ganz Mutigen wollen ein Haus in luftiger Höhe, das zu betreten kein Erwachsener wagt.

Holz als Werkstoff

Für den Bau von Kinderbehausungen und Spielgeräten im Garten eignet sich am besten Holz. Ist eine Verwendung nur für einige Jahre vorgesehen, braucht es nicht behandelt werden. Sie sollten aber darauf achten, dass alle Bauteile nach einem Regen wieder abtrocknen können, denn fäulnisgefährdet sind nur die Übergangsbereiche zwischen Erdreich und Luft. Verwenden Sie auf keinen Fall giftige Holzschutzmittel, sondern konstruieren Sie das Bauwerk so, dass das Holz an allen Stellen wieder abtrocknen und nicht mit dem Erdreich in Kontakt kommen kann (konstruktiver Holzschutz). Im Baustoffhandel sind dazu verschiedene Bodenverankerungen wie Stahlschuhe oder Erdspieße erhältlich.
Für dauerhafte Holzbauten gibt es folgende Möglichkeiten:

- Verwendung von langlebigen Hölzern wie Eiche, Lärche oder Robinie;
- Mit Salzen kesseldruckimprägniertes Fichtenholz, das allerdings später auf Grund seines Schwermetallgehaltes als Sondermüll entsorgt werden muss;
- Mit Leinöl druckimprägniertes und daher umweltfreundliches Holz;
- Holzschutzlasuren auf Ölbasis sind relativ unbedenklich, schützen das Holz und verhindern sein Vergrauen.

Damit Kinder sich nicht verletzen, sollte das Holz gehobelt, an den Kanten abgerundet und sauber verarbeitet sein. Schrauben und Nägel müssen versenkt oder entfernt werden.
Dachüberstände sollten sich nicht in Augenhöhe der Kinder befinden oder wenigstens entschärft werden und gut sichtbar sein. Bei Aufstiegsleitern soll-

Maße von Konstruktionshölzern für den Garten	
Holzbezeichnung	**Maßbeispiele (Stärke × Breite)**
Profilholz	15 × 97 mm
Leisten und Latten	21 × 35 mm/45 × 70 mm
Bretter und Dielen	21 × 94 mm/33 × 120 mm/28 × 170 mm
Kanthölzer und Balken	45 × 94 mm/45 × 145 mm/70 × 120 mm
Pfosten	70 × 70 mm/90 × 90 mm/120 × 120 mm
Leimhölzer	60 × 162 mm/90 × 195 mm/90 × 90 mm/115 × 115 mm

ten die Sprossen rund und nicht zu dick sein, damit die Kinder sie umfassen können.
Wem bei seinen Kindern das Hantieren mit Holzresten, Hammer und Nägeln zu gefährlich erscheint, sie aber in ihrer Kreativität fördern möchte, könnte selbst gefertigte Module bauen, die die Kinder dann in verschiedenster Anordnung zusammenstecken oder -schrauben können. Man kann auch Holzpfosten in passenden Abständen auf dem Spielplatz eingraben oder -betonieren, an die die Module mittels Torangeln oder Holzverbindern eingehängt werden.

Kindgerechte Holzbauten

Holzdecks

Holzterrassen am Haus, an einem kleinen Gartenhaus oder am Teich sind sehr kinderfreundlich, da sie von Frühjahr bis Herbst bespielbar sind. Sie trocknen nach einem Regen sehr schnell wieder ab und sind nicht so kalt wie Steinterrassen, wenn Kinder beim Spielen auf dem Boden sitzen. Holzdecks lassen sich auch vom Laien kostengünstig selber bauen, außerdem kann man ihre Gestaltung recht einfach an bestehende Gegebenheiten anpassen. Wie auch bei den Kinderhäusern (siehe Seite 56f.), eignen sich entweder langlebige, unbehandelte oder kesseldruckimprägnierte Weichhölzer, die anschließend lasiert werden. Die Pflege einer Holzterrasse beschränkt sich auf gelegentliches Abkehren. Falls das Holz in Herbst und Winter einen schmierigen Belag aus Moos oder Algen angesetzt hat, wird es mit Schrubber und Gartenschlauch im Frühjahr abgebürstet. Glatte Hölzer eignen sich zum Bespielen besser

Sicherheitstipp:

Holzterrassen im Schatten oder in sehr regenreichen Lagen können durch Algenbeläge rutschig werden. Im Herbst und Winter können Sie eine dünne Lage Sand aufstreuen. Im Frühling sollten Sie das Holz mit einem Schrubber und Wasser (eventuell mit Schmierseifenzusatz) abbürsten. Verwenden Sie zum Reinigen einer Holzterrasse auf keinen Fall einen Hochdruckreiniger, da Sie damit die Imprägniersalze herausspülen. Außerdem quillt das Holz und die Fasern stellen sich auf, was das Verletzungsrisiko durch Splitter erhöht.

Holzdeck mit Pavillon und Spielzone

als geriffelte, auf denen Spielfiguren nicht richtig stehen wollen und in deren Ritzen das Wasser länger stehen bleibt. Geriffelte Hölzer dagegen sind rutschfester und für Stufen besser geeignet.
Mit verschieden hohen Holzdecks kann ein hanglagiges Grundstück abgefangen werden; unterschiedliche Verlegerichtungen und -muster gliedern eine große Terrasse.
Die Lagerhölzer, auf die Holzdielen geschraubt werden, müssen auf trockenem, ebenem Untergrund liegen. Dafür ist als Dränschicht eine 20 cm dicke Schotter- oder Kiesschicht völlig ausreichend. Bei Umgestaltungen von Steinterrassen können oftmals die alten Terrassenplatten unter dem neuen Holzdeck liegen bleiben. Dann müssen Sie beachten, ein Gefälle von etwa 2 % einzuhalten, damit die Lagerhölzer nicht im Wasser liegen und das Wasser auf der Plattform schnell abfließen kann.
Zum Ausgleichen von Unebenheiten und zum Schutz der Lagerhölzer kann man langlebige Gummischeiben unterlegen oder als Auflage und Höhentarierung große Schrauben in die Unterseite der Lagerhölzer hineindrehen.

Kinderhäuser

Da Kinder recht schnell groß werden, lohnt sich der Aufbau vorgefertigter oder selbst konstruierter Kinderhäuser nur, wenn wir eine spätere Umwidmung mit einplanen (siehe Tabelle Seite 22). So kann man aus einem kleinen Kinderhaus eine Hundehütte oder einen Kaninchenstall machen, ein größeres Holzhaus kann auch von Jugendlichen noch genutzt oder zum Gerätehaus umfunktioniert werden.
Da das Bauen den Kindern am meisten Spaß macht, sollten wir sie auf alle Fälle mit einbeziehen und ihnen genügend eigene Gestaltungsmöglichkeiten lassen.
Es macht an dieser Stelle keinen Sinn, Vorgaben für den Bau eines Kinderhauses zu machen, denn jeder Gartenbesitzer findet andere Gegebenheiten vor, hat eine andere Vorstellung von einem Kinderhaus und dessen späterer Nutzung. Allerdings gilt es, einige Dinge zu bedenken:
Das Häuschen dient dem Rollenspiel und sollte mindestens vier kleine Kinder aufnehmen können. Da die Kinder mit „Kind und Kegel“ einziehen

wollen, müssen genügend Ablagemöglichkeiten und Sitzgelegenheiten vorhanden sein. Sind die Kinder größer, wird das Haus für geheime Treffen genutzt. Es sollte nun mit einer Tür verschließbar sein und zwei bis drei Jugendlichen Platz bieten. Ein Holzboden ist für Kinder bestens geeignet, er sollte auf Lagerhölzern ruhen und leicht auszukehren sein. Sein Aufbau entspricht im Prinzip dem einer Holzterrasse, man kann aber auch vorgefertigte Holzfliesen in das Kinderhaus legen.

Vom Kinderhaus zum Geräteschuppen

Soll das Kinderhaus später als Geräteschuppen dienen, muss eine Seitenwand mindestens 2 m hoch sein, damit auch Erwachsene es betreten und darin langstielige Geräte befestigen können. Eine schmale Zwischendecke unter dem Giebel dient als Ablage für leichte sperrige Dinge, die Seitenwand darunter als Standfläche für niedrige Geräte. Am Eingang, der mindestens 80 cm breit und 2 m hoch und auch bei Schnee nach außen zu öffnen sein muss, kann man jetzt eine Rampe für die Schubkarre anbringen. Für Fensterausschnitte eignen sich am besten die Giebelseiten und die Tür. Bringen Sie die Fenster niedrig genug an, damit auch kleine Kinder hinausschauen können und das Häuschen nicht zu duster ist. Für die spätere Nutzung als Gerätehaus sollten Sie eine kindersichere, spritzwassergeschützte elektrische Beleuchtung mit einplanen.

In dieses Kinderhaus ist das Kaninchen des stolzen Hausbesitzers eingezogen, da dieser inzwischen ein Baumhaus bewohnt.

Die Dacheindeckung kann anfangs aus einer besandeten Dachpappe bestehen, was keine besonders tragfähige Dachkonstruktion erfordert. Bedenken Sie vor einer Umgestaltung mit einer optisch ansprechenderen Ziegeleindeckung, dass in diesem Fall eine höhere statische Belastbarkeit nötig ist. Entweder konstruieren Sie das Dach von vorne herein stabil genug für spätere Umbauten, oder Sie bauen den „Dachstuhl“ so, dass er

Sicherheitstipp:

Kinder klettern auch gerne auf dem Dach des Häuschens herum, was Sie bei der Berechnung der Dachlast berücksichtigen müssen. Fallen sie einmal herunter, dämpft ein weicher Bodenbelag aus Rindenmulch oder feinem Kies den Fall. Achten Sie beim Bau des Häuschens auf gut versenkte Nägel und Schrauben, angefaste Kanten und eine von innen zu öffnende Tür.

Das Kinderhaus dient nun zum Aufbewahren von Gartengeräten

nachträglich problemlos verstärkt werden kann. Auch eine Dachbegrünung muss vorher geplant und statisch berechnet werden. Dazu sollte die Dachneigung nicht zu steil gewählt (Neigungswinkel maximal 30°) und eine Aufkantung an den Dachrändern von mindestens 10 cm Höhe angebracht werden.
Neben dem Dachaufbau müssen Sie auch die Dachentwässerung mit einplanen. Eine kleine (verschlossene!) Regentonne mit Ablaufhahn zum Blumengießen und für das Kinderspiel hilft, Leitungswasser zu sparen. Ihr Überlauf kann in einen kleinen schottergefüllten Sickerschacht münden oder in eine benachbarte Pflanzfläche geleitet werden.

Baumhäuser

Für Kinder ab etwa sieben Jahren eignet sich ein Baumhaus als Rückzugsmöglichkeit und Abenteuerspielplatz. Im Wipfel eines Baumes versteckt, spielt es sich allemal geheimnisvoller als auf der Erde. Leider findet man in Gärten selten Bäume vor, die ein Baumhaus alleine tragen können, ohne dabei Schaden zu nehmen. Bauen Sie deshalb eine selbst tragende Konstruktion aus drei oder vier Pfosten um den Baum herum, die die Plattform für das Baumhaus trägt. Achten Sie darauf, dass der Baum bei Wind nicht an der Konstruktion scheuert. Ebenso sollte man beim Gründen der Tragpfosten in Kies oder Magerbeton die Hauptwurzeln nicht schädigen. Da jeder in Frage kommende Baum anders aussieht, gibt es keine fertigen Lösungen, sondern nur Konstruktionsbeispiele, die Sie je nach Bedingung abwandeln müssen. Als Vorbild können auch Hochstände von Jägern dienen.
Als Stützpfosten für ein Baumhaus sollten Sie Fichtenstämme mit etwa 10 cm Durchmesser wählen, für die Plattform eignen sich Euro-Paletten, als Aufstieg kann eine alte stabile Holzleiter dienen. Gehören noch kleinere Kinder zur Familie, lässt man die untersten zwei Sprossen weg, damit sie das Baumhaus nicht erklimmen. Im Frühling ist es meist nötig, Plattform, Geländer und Leitersprossen mit einer milden Schmierseifenlösung und einer Wurzelbürste von Algenbelägen zu befreien; eine Aufgabe, die

Einmal auf die Erwachsenen „herabschauen“, davon träumen alle Kinder

Sie ruhig den Baumhausbewohnern überlassen sollten.

Ein Dach für das Baumhaus?

Falls das Baumhaus ein festes Dach bekommen soll, müssen die Stützpfosten etwa 2 m länger sein als die geplante Plattformhöhe. Beim Versenken des imprägnierten Pfostenfußes in das Erdreich rechnet man etwa 50 cm dazu. Der Durchmesser muss dann mindstens 9 bis 12 cm betragen. Das Dach sollte einen ausreichenden Dachüberstand und ein Gefälle von mindestens 15° haben, damit anfallendes Laub und große Schneemassen nicht darauf liegen bleiben. Dachpappe oder Dachpappenschindeln, auf Nut- und Federbretter getackert, eignen sich ebenso wie die etwas teureren Holzschindeln, die man direkt auf eine Lattung nageln kann. Allerdings ist ein stabiles Dach sehr schwer und kann nur vor Ort gebaut werden, was in einer Baumkrone technisch meist nicht

Sicherheitstipp:

Bei Baumhäusern, die mehr als 2 m vom Erdboden entfernt liegen, muss ein stabiles Geländer von 75 bis 90 cm Höhe rund um die Plattform vorhanden sein. Ein Leiterholm kann als Handlauf dienen, wenn er bis zur Oberkante des Geländers geführt und mit dieser verschraubt wird.

Das gemeinsame Schwingen auf solch einer Reifenschaukel erfordert Platz und Teamgeist

einfach ist und mehrere Helfer erfordert.
Zeltdächer aus Planen oder Markisenstoffen sind weniger aufwändig zu bauen und können variabel eingesetzt werden. Dazu spannen Sie eine reißfeste Plane mit Ösen über die Plattform. Die unverrottbaren Befestigungskordeln müssen so um die Äste geschlungen werden, dass sie den Baum nicht in seinem Dickenwachstum behindern und die Borke nicht durchscheuern. Wickeln Sie deshalb an der entsprechenden Stelle erst Streifen von PE-Schaummatten oder Noppenfolie um den Ast, bevor Sie den Strick daran befestigen. Binden Sie diesen mit einem Schifferknoten fest, den man wieder öffnen kann, und passen Sie den Strick dem Dickenwachstum des Astes jährlich an. Wird das Baumhaus im ausklingenden Gartenjahr nur noch bei schönem Wetter genutzt, sollten Sie die Plane vor dem ersten Kälteeinbruch abmontieren, säubern und trocknen.

Schaukeln und Klettergerüste

Kinder (und auch Jugendliche!) schaukeln sehr gerne. Steht kein großer geeigneter Baum zur Verfügung, lohnt sich das Aufstellen einer Schaukel allemal. Planen Sie auch für Einzelkinder mindestens zwei Schaukelplätze ein, denn nur im Wettstreit macht das Schaukeln so richtig Spaß. Man vermeidet viel Streit um den Platz auf der Schaukel und hat genügend Breite, um später eine Hängematte oder eine geschmackvolle Hollywoodschaukel einzuhängen.
Willkürlich aufgestellte Schaukelgerüste aus Metall sehen meist deplatziert aus und müssen nach einigen Jahren entsorgt werden, weil sie zu nichts anderem mehr dienen können. Schaukelgerüste aus Holz fügen sich in einen Garten besser ein und können um-

Sicherheitstipp:

Vor und hinter einer Schaukel von 2,50 m Höhe muss ein Platz von je 4 m eingeplant werden, damit man frei schaukeln kann. Unter dem Schaukelplatz muss ein weicher Bodenbelag wie Rindenmulch, Kies, Sand oder Rasen sein. Angrenzende Beete dürfen nicht mit harten Kanten eingefasst sein, auf die die Kinder fallen könnten.

In einer Hängematte lässt es sich gemütlich entspannen, aber auch gut schaukeln

funktioniert werden. Am praktischsten und schönsten ist ein selbst gebautes Schaukelgerüst, das gleichzeitig oder später andere Funktionen übernehmen kann (siehe Tabelle Seite 22). Richten Sie auch die Standortbestimmung auf die spätere Nutzung aus. Die Konstruktion kann an ein Gebäude anschließen, zwei Gebäude miteinander verbinden oder frei stehend den Garten gliedern. Prüfen Sie vor dem Bau einer freistehenden Schaukel aber zunächst, ob sich nicht vorhandene Plätze zum Schaukeln anbieten, beispielsweise unter einem Balkon, im Durchgang zwischen Haus und Garage, an einem verlängerten Dachbalken eines Carports oder Gartenhauses.

Tierställe und Gehege

Viele Kinder wünschen sich ein eigenes Tier. Falls Sie kein Haustier in der Wohnung haben möchten, können Kaninchen oder Meerschweinchen eine Alternative sein, da man sie ganzjährig draußen halten kann. Die Kinder lernen das Übernehmen von Verantwortung, und für den Garten fällt eine nicht zu unterschätzende Menge an gutem Mist ab.

Sie sollten dafür einen geschützten Platz von einigen Quadratmetern einplanen, da die kleinen Nager niemals allein gehalten werden dürfen, ausreichenden Auslauf benötigen und das benötigte Stroh und Heu trocken untergebracht werden muss. Der Tierstall sollte nicht zu weit entfernt vom Haus sein, da kleinere Kinder die Tiere vergessen, wenn sie sie nicht täglich sehen können.

Man kann aber auch große, unbehandelte Holzkisten zu einem Tierstall zusammenbauen und mit einem Dach aus Dachpappe versehen. Eine gut schließende Tür, von der aus man in den ganzen Stall greifen kann, und die Möglichkeit der leichten Reinigung sind wichtige Details. Der Stall sollte ausreichend groß, unterteilbar, hell und sicher vor Windzug, Mäusen, Ratten und Mardern sein. Auf tischhohe Stützen gestellt, ermöglicht er das Pflegen und Beobachten der Tiere in bequemer Höhe.

Als Auslauf eignet sich am besten eine transportable Konstruktion, etwa eine kleine Sandkiste ohne Boden, deren Sitzbretter nicht auf den Rand montiert, sondern mit flachen Winkeln zu einem Rahmen zusammengeschraubt und mit Maschendraht bespannt werden. Dieser leichte Deckel kann von den Kindern abgenommen werden, um die Tiere aus dem Auslauf heraus zu heben.

Solch ein einfacher Auslauf (etwa 30 cm hoch für Meerschweinchen, etwa 60 cm hoch für Kaninchen) kann auf Rasen oder Wiese weitergerückt werden, so dass sich die Tiere als „Rasenmäher“ betätigen. Dabei sollten der Deckel mit Steinen beschwert und Kaninchen zusätzlich beaufsichtigt werden, da sie wahre Meister im Untergraben ihrer Käfigwände sind.

Ein verstellbarer Auslauf für Kaninchen oder Meerschweinchen spart den Rasenmäher

Praktisches aus Holz

Holz eignet sich für eine Vielzahl einfach anzufertigender Bauwerke, wobei man sich je nach Verwendungszweck entweder für Naturholz, Bauholz oder vorgefertigte Holzelemente entscheiden kann. Bei der Bauweise sind Ihrer Fantasie keine Grenzen gesetzt; einige Grundregeln zur Stabilität und Dauerhaftigkeit sollten Sie aber beachten.

Sichtschutzwände und Zäune

Auch aus fertigen, in Baumärkten erhältlichen Zaun- und Sichtschutzelementen kann man Wandmodule, aber auch ein komplettes Kinderhäuschen bauen. Durch eine Bepflanzung mit geeigneten Kletterpflanzen (siehe Pflanzvorschläge Seite 51) können Sie die Wände noch verschönern. Für kleinere Kinder eignet sich eine Sichtschutzwand, die die Terrasse zum Nachbarn abteilt. Zwei im rechten Winkel aufgestellte und begrünte Rankgitter bieten ausreichend Schutz und können von den Kindern mit beweglichen Elementen ergänzt werden. Aber auch ein Pflanzkasten kann als Abgrenzung dienen und gleichzeitig Kinderbeet sein.
Sind die Kinder größer, dient der Platz als geschützte Sitzecke oder als „Multifunktions-Platz“: Sie können hier einen wetterfesten Tisch aufstellen, auf dem Sie im Frühling Ihre Zimmerpflanzen umtopfen, im Sommer die Beilagen zu Grillgerichten servieren und im Herbst Trockensträuße binden können.

Dieser Flechtzaun ist einfach und kostengünstig in Eigenleistung herzustellen und sieht zudem schön aus

Geflochtene Zäune

Aus biegsamen Hasel- oder Weidenruten kann man sehr schöne Zäune und Sichtschutzelemente selbst herstellen. Man schlägt dazu angespitzte Pfosten in regelmäßigen Abständen von 0,5 bis 1 m in die Erde und schlingt waagerecht frische Ruten zwischen ihnen hindurch, wobei man in jeder Reihe zwischen dem Entlangschlingen vor oder hinter dem Pfosten abwechselt (diese Arbeit macht auch Kindern viel Spaß). Mit Paketschnur, Krampen oder Schrauben werden die Rutenenden am Pfosten befestigt. Dabei können Sie zwischen den einzelnen waagerechten Ruten „Gucklöcher“ lassen oder die Ruten blickdicht einflechten.
Bei einer anderen Zaunvariante kann man das Verfahren „umdrehen“: Dazu werden gleich lange, biegsame Ruten benötigt, die man senkrecht an drei oder fünf zwischen den Pfosten befes-

Hochbeet-Terrassen können mit stehenden Palisaden abgestützt und vielfältig genutzt werden

tigten Querriegeln abwechselnd davor und dahinter verflechtet. Steckt man Weidenruten tief in den Boden, kann sich der Flechtzaun bei genügend Wassergaben wieder bewurzeln und begrünen. Man kann auch von einem schon bestehenden Jägerzaun die Lattung abmontieren und statt dessen Hasel- oder Weidenruten zwischen die Querriegel flechten.

Eine langweilige Terrasse wurde hier mit einem Hochbeet und einem kleinen Tümpel zur Erlebniswelt für die Tochter

Kinderbeete

Hochbeete gehören zu den Holzbauten, die sich für Kinder eignen, aber auch Erwachsenen gute Dienste leisten. Man baut sie bei ebenen Grundstücken frei stehend aus übereinander gelegten Rundhölzern oder Balken, bei hanglagigen Grundstücken treppenförmig übereinander. Für Kinder sind 45 bis 50 cm Höhe geeignet, für Erwachsene kann man später mit weiteren Rundhölzern auf 70 bis 90 cm aufstocken. Die Tiefe des Beetes sollte einschließlich des Randes 60 cm (für Kinder besser 50 cm) nicht überschreiten, wenn das Beet nur einseitig gepflegt werden kann. Sofern das Beet von beiden Seiten aus zugänglich ist, sind 120 cm (für Kinder 100 cm) Breite richtig.

Bei **Hochbeet-Terrassen** hat sich eine Breite von 100 cm bewährt, die sich aus 10 cm Rand, 60 cm Arbeitsbreite und 40 cm Wegbreite zusammensetzen. Soll der Weg mit der Schubkarre befahrbar sein, müssen Sie allerdings 50 cm Wegebreite einkalkulieren.

Für den Bau von Hochbeeten kann man unbehandeltes Hartholz oder imprägniertes Weichholz verwenden. Bei kesseldruckimprägnierten Hölzern sollten Sie das Beet von innen mit einer Folie (z.B. PE-Teichfolie oder PE-Schaummatte) auskleiden, damit keine Imprägniersalze in die Beeterde gelangen können und das Holz vor dem Verrotten durch das feuchte Substrat geschützt ist.

In Hochbeeten müssen nicht nur Salat und Radieschen wachsen, auch Erdbeeren und Blumen gedeihen hier. Überlassen Sie die Pflege Ihren Kindern, bilden Nutz- und Zierpflanzen bald einen dichten Dschungel, in dem Spielfiguren Abenteuer bestehen können. Mit Dränagevlies ausgeschlagen, kann ein Hochbeet zunächst als Sandkasten dienen. Sind die Kinder größer geworden, wird das Beet mit Teichfolie abgedichtet und zum Wasserbecken umfunktioniert. Aber auch als Aufbewahrungsort für Spielmaterialien und Gartengeräte eignet sich ein Hochbeet ebenso wie als Sitzbank, wenn Sie es mit einem Deckel versehen.

Kompostbehälter

Bevor wir organische Abfälle aus dem Garten, und dem Tierstall oder der Küche wieder den Beeten zurück geben, müssen sie verrotten.
Dies gelingt am sschnellsten in speziellen Behältern, von denen es viele verschiedene Ausführungen gibt. Für Küchenabfälle eignen sich die geschlossenen Kunststoffbehälter besser als offene Lattenkonstruktionen aus Holz, da ungebetene Gäste nicht an den Inhalt gelangen können. Für Gartenabfälle und Tiermist sollten Sie jedoch die wesentlich aufnahmefähigeren und luftigeren Holzgestellbauten wählenoder sich einen Behälter aus verzinktem Drahtgitter selbst biegen. Für Kinder kann man aus einem zusammensteckbaren Bausatz aus dem Gartencenter zwei halb so hohe Behälter bauen. Der Kompost braucht dann zwar länger für die Rotte, da er im Innern nicht so warm wird wie bei doppeltem Volumen, aber er ist für die Kinder erlebbar. Sie können schön das Zusammensacken beobachten, an trockenen Tagen gießen, Temperatur und Feuchte erfühlen und Kompostlebewesen kennenlernen.

Darauf sollten Sie beim Kompostieren achten:

Wo und wie Sie den Kompostplatz anlegen:

- Als Kompostplatz eignet sich eine gut erreichbare, halbschattige, ebene Stelle mit Morgensonne.
- Pflanzen Sie bei neuen Gartenanlagen einen oder mehrere Holunderbüsche als Sichtschutz und Schattenspender daneben.
- Kalkulieren Sie auch genügend Platz ein, Sie benötigen ihn für einen zweiten Behälter zum Umsetzen reifenden Kompostmaterials, zum Abstellen einer Schubkarre und zum Sammeln organischer Abfälle, die saisonal in größeren Mengen anfallen.

Wie Sie gute Komposterde erzielen:

- Aufgekehrtes Laub gehört nicht oder nur in geringen Mengen in den Kompostbehälter. Verbessern Sie damit lieber direkt den Boden unter Hecken.
- Grasschnitt darf nur in ganz dünnen Lagen auf den Kompost, da er sonst leicht unter Luftabschluss gerät und verfault. Mulchen Sie damit lieber die Gemüse- und Blumenbeete, das erhält die Feuchtigkeit im Boden und ernährt die Regenwürmer.
- Der Boden unter einem Kompostbehälter muss tiefgründig locker sein, damit die Würmer einwandern beziehungsweise sich an heißen Tagen in die Erde zurückziehen können.

BAU EINES KOMBIGERÜSTES

Dieses Beispiel eines selbst gebauten Kombigerüstes wurde für einen schmalen länglichen Garten konstruiert (siehe Gartenplan Seite 28). Da in jedem Garten andere Platzverhältnisse und Vorstellungen von der Größe der Konstruktion herrschen, wurde hier auf die detaillierte Angabe von Maßen verzichtet. Bei den Angaben für die verschiedenen Konstruktionsholz-Stärken handelt es sich um Mindestmaße, deren Stabilität nur bei fachgerechtem Einbau gewährleistet ist. In jedem Fall ist es wichtig, den Tragfähigkeitsnachweis der Holzkonstruktion durch einen Fachmann zu erbringen.

Zuerst dient das Gerüst den Kleinen zum Schaukeln und Rutschen. Man kann auch zusätzlich ein Kinderhäuschen und/oder einen Kaufladen darunter bauen.

Später können sich die größeren Kinder beziehungsweise Jugendlichen hier entfalten, Hängematten aufhängen, den Hochsitz überdachen oder Haustiere halten.

Für die Erwachsenen kann er danach zum geschützten Sitzplatz werden, an dem man grillen, einem Hobby nachgehen oder mit Freunden feiern kann. Solch eine aufwändige Konstruktion sollte möglichst flexibel nutzbar sein, damit sich Aufbauarbeit und Anschaffung für viele Jahre lohnen.

Das benötigen Sie:

- Kesseldruckimprägniertes Konstruktionsholz, allseitig gehobelt:
  - Pfosten und Reiter 12 × 12 cm, Diagonalstreben 9 × 9 cm, Zangen 4 × 11 cm
  - Dielenbretter für den Holzboden
  - Latten 4 × 6 cm aus Fichtenholz ohne Nut und Feder für Geländer, Handlauf und Leiter
  - Holzschutzmittel, eventuell Lasur (bei Verwendung von Lärchen-/Robinienholz kein Holzschutzmittel nötig!)

- Verbinder und Schrauben:
  - Verankerung für Holzelemente für betonierte Fundamente (z.B. U-Pfostenlaschen, Einschlaganker, Pfostenschuhe)
  - Beton für vier Punktfundamente à 50 × 50 cm
  - Edelstahl-Spaxschrauben, Schlossschrauben
  - Schlüsselschrauben M 12, 20 cm lang mit Muttern und Unterlegscheiben
  - Sechskant-Holzschrauben 10 × 50 mm, Stahlwinkel oder verzinkte Eisenwinkel

- Werkzeug:
  - Spaten zum Ausheben der Fundamentlöcher
  - ein bis zwei Standleitern in ausreichender Höhe
  - zwei höhenverstellbare Gerüstböcke mit einer Bohle
  - Dachlatten für Hilfskonstruktionen, evtl. Richtlatte
  - Wasserwaage, mehrere große Schraubzwingen
  - Nägel, Hammer, Vorschlaghammer, Bleistift zum Anzeichnen
  - Handhobel, Bandschleifer
  - Bohrmaschine mit passenden Holzbohrern und Schraubvorsätzen, Akkuschrauber
  - Ratsche mit passenden Nüssen für Sechskantschrauben
  - Stichsäge, evtl. Handkreissäge, Kabelrolle

- Sonstiges:
  - Zeit für die Vorarbeiten (sorgfältiges Einmessen, Positionieren der Pfosten) und für die eigentliche Ausführung; insgesamt etwa zwei bis drei Arbeitstage
  - etwas Erfahrung mit der Verarbeitung von Holz
  - Beton für die Punktfundamente
  - Holzpalisaden als Einfassung und Spielsand für die Sandgrube
  - Rutschfläche aus Metall
  - zwei Schaukeln
  - Helfer: zum Aufrichten der Konstruktion möglichst zwei, später einen.

Und so funktioniert es:

1 Alle Kanten der zugeschnittenen gehobelten Pfosten (hier 9 × 9 cm) werden zunächst mit dem Handhobel angefast, dann mit einem Schwingschleifer geglättet.

2 Anschließend werden die Konstruktionshölzer mit einem für Kinder unbedenklichen Holzschutzmittel vorgestrichen, die Pfosten am unteren Ende zusätzlich in ein Borsalz-Präparat getunkt.

3 Mittels einer Hilfskonstruktion und Wasserwaage wird für jeden Pfosten die vorgesehene Position und das richtige Niveau ermittelt. Gegebenenfalls muss das Erdniveau angeglichen werden, damit alle Pfosten auf gleicher Höhe installiert werden können.

4 Damit das Gerüst sicher in der Erde verankert werden kann und auch bei Beanspruchung stabil bleibt, sollte jeder Pfosten auf einem Beton-Punktfundament gegründet werden. Dazu heben Sie mit dem Spaten ein 50 × 50 cm großes und frostfrei gegründetes Loch aus und füllen es mit Beton auf. Mischen Sie auch grobe Bruchsteine darunter, um die Scherfestigkeit zu erhöhen und verdichten Sie den Beton gründlich. Bevor Sie weiterarbeiten, muss der Beton einige Tage aushärten. Dann verankern Sie den Pfosten mit einer Stahlverbindung (z.B. U-Pfostenlaschen oder Einschlaganker) im Beton. Überprüfen Sie dabei immer wieder die Senkrechte und die Ausrichtung.
Die hier verwendeten Einschlaganker eignen sich nur für feste, bindige Böden.

Und so funktioniert es (Fortsetzung):

5 Nachdem alle Pfosten stehen, werden die Zangen mit Schraubzwingen befestigt und erst nach nochmaliger Überprüfung der Senkrechten der Pfosten, der Waagerechten ihrer eigenen Lage und aller rechter Winkel durchbohrt. Für die Verbindung verwendet man nicht rostende Schlossschrauben mit großen Unterlegscheiben.

6 Die auf den Zangen liegenden Balken (Reiter) in etwa 50 cm Abstand geben der Konstruktion die nötige Stabilität. Sie werden mit gelochten verzinkten Stahlwinkeln und Spaxschrauben aus Edelstahl rechtwinklig festgeschraubt.

7 Auf dem Hochsitz werden nun die Dielenbretter in etwa 5 mm Abstand (ein abgebrochener Zollstock dient hier als Lehre) mit je zwei Spaxschrauben auf den Reitern festgeschraubt.

8 Mit Diagonalstreben (9 × 9 cm) zwischen den Pfosten und Querzangen wird die Konstruktion wegen der durch Wind und Schaukeln auftretenden Kräfte zusätzlich ausgesteift.

9 Das Kombigerüst hat ein Geländer aus den Fichtenholz-Latten bekommen. Aus Dielenbrettern wurde ein niedriges Podest angebaut, das in seiner Höhe an eine gekaufte Rutsche angepasst wurde. Zwei Leitern aus angefasten Latten ermöglichen den Aufstieg. Die Rutsche mündet in einer mit Palisaden eingefassten Sandgrube. Auf zwei Schaukelplätzen lässt es sich herrlich schaukeln.

10 Mit dem Sand in der Grube ist der Spielplatz perfekt. Man kann ihn aber beliebig erweitern, beispielsweise durch eine Verbretterung unter dem Hochsitz, wodurch man ein weiteres Spielhaus erhält. Man kann auch Bänke zwischen die Pfosten bauen und/oder ein Kletternetz anbringen. Wenn Sie die gesamte Konstruktion mit einer Öllasur streichen, können Sie sie vor Witterungseinflüssen schützen und gleichzeitig farbig gestalten.

Naturelemente

SPIELEND ERLEBEN

Kinder begreifen Natur mit ihren Händen, und erleben sie dabei intensiv mit all ihren Sinnen. Beim Spielen erfahren sie die Naturgesetze am eigenen Körper, aber gleichzeitig auch ihre eigenen Grenzen und Möglichkeiten. Ihre Fantasie wird angeregt und die Geschicklichkeit gefördert. Mit zunehmender Erfahrung im Umfang mit den Elementen gewinnen die Kinder an Selbstbewusstsein und handwerklichem Können.

Ein Kinder-Bauplatz dient nicht gerade dem ästhetischen Empfinden der Bewohner oder der optischen Aufwertung des Gartens, ist aber als „Kreativecke“ wichtig für die Entwicklung der Kinder.
Diese unterschiedlichen Interessen der Gartenbewohner gilt es miteinander zu vereinbaren. Die Planung und Ausgestaltung dieses Gartenteils ist besonders wichtig, damit sowohl Sie als auch Ihre Kinder Freude an dem Kinder-Bauplatz haben.
Bei langen schmalen Reihenhausgärten trennt man dazu am besten das unterste Drittel mit einer Hecke deutlich vom Gartenteil der Erwachsenen ab. Dieser Teil kann später zu einem eigenen Gartenbereich umgestaltet werden, etwa als Nutz- oder Biotopgarten. Die Hecke sollte auf der Seite der Kinder-Baustelle aus robusten, unbewehrten Sträuchern bestehen. Auf der Terrasse zugewandten Seite demonstrieren dekorative Gewächse, die ruhig auch Dornen oder Stacheln haben dürfen, dass hier kein wildes Kinderspiel erwünscht ist.

Eine abwechslungsreiche Spiellandschaft

Planung und Gestaltung von Kinder-Baustellen

In Gärten freistehender Einfamilienhäuser innerhalb ruhiger älterer Wohngebiete bietet sich vielleicht der Vorgarten als Kinderspielplatz an, sofern er groß genug ist und nach Süden oder Westen zeigt. Diese Lösung ist zwar ungewöhnlich, hat aber mehrere Vorteile: Die Kinder haben Kontakt zu Nachbarskindern, die Garagenzufahrt kann als Hartplatz mitgenutzt werden, vielleicht kann man sogar ein Garagen- oder Carportdach als „Baumhaus“ nutzen. Das Carport, ein Verbindungsbalken zwischen Haus und Garage oder ein großer Baum im Vorgarten können als Schaukelplatz dienen.
Ein nicht zu unterschätzender Vorteil ist auch, dass die Kinder und ihre Freunde nicht verschmutzt über die Terrassentür ins Haus (und dort als erstes über den empfindlichen Wohnzimmerfußboden) gelangen. Vorgärten sind meist ungenutzte Gartenteile mit Verlegenheitsbepflanzung. Warum sollen sie nicht – statt als Demonstrationsobjekte für den Geschmack der Hausbesitzer zu fungieren – zeigen,

Diese Spielmulde am Hang bietet alles, was ein Kinderherz begehrt und kann später leicht in einen attraktiven Sitzplatz oder Senkgarten umgewandelt werden

dass in diesem Hause Kinder wohnen? Auch eine spätere Umwandlung der Spielzone ist durch die Erschließung über die Straße wesentlich einfacher zu bewerkstelligen als im hinteren Gartenteil.
Bei Grundstücken in Hanglage bietet es sich an, eine eigene Spielebene zu schaffen. Bei der Aufteilung des Grundstücks in Terrassen sollten Sie auch einen Hang in die Spielzone mit einbeziehen. Man kann ihn mit verschiedenen Aufstiegsmöglichkeiten (siehe auch Seite 42ff.) versehen. Für die Erwachsenen sollte man aber dennoch eine regelmäßige Treppe und einen Pfad für die Schubkarre anlegen. Ein Spielhang mit bis zu 45° Neigung braucht nicht aufwändig befestigt werden; eine robuste, Hang sichernde Bepflanzung dient als zusätzlicher Spielplatz.

Baumaterialien und ihre Aufbewahrung

Wichtiger als eine aufwändige Gestaltung ist die Bereitstellung von verschiedenen Baumaterialien und das Gewährenlassen der Kinder. Geben Sie ihnen „Arbeitskleidung" für den Garten, so ist auch deren Verschmutzung kein Problem. Bewährt haben sich unterschiedliche Materiallager für die verschiedenen Baustoffe wie Steine, Holz, Sand und Lehm. Die Kinder merken bald selbst, dass es für

neue Bauvorhaben praktisch ist, die Materialien geordnet vorzufinden. Neben Gruben für Sand und Matsch eignen sich große Mörtelkübel, die Sie mit und ohne Wasserabzugslöchern anbieten können, Eimer und Körbe. Für Reisig kann man Pflöcke in Abständen in den Boden schlagen, zwischen die der Hecken- und Baumschnitt waagerecht gelegt wird. Zum Lagern von Steinen legen Sie den Kindern am besten eine Holzpalette an geeigneter Stelle bereit. Bau- und Brennholz lagert man überdacht. Mehrere, miteinander diagonal oder waagerecht verstrebte Pfosten und ein schräges Dach aus Brettern reichen dafür völlig aus.
Auf dem Platz für die Kinderbaustelle sollten Sie keinen Rasen einsäen. Ist schon einer vorhanden, können Sie daraus eine Rasensoden-Bank bauen oder schadhafte Rasenflächen an anderer Stelle ausbessern. Er wird durch das Spiel stark in Mitleidenschaft gezogen; herumliegende Baumaterialien führen zu unnötigen Auseinandersetzungen zwischen Eltern und Kindern beim Mähen. Als Belag besser geeignet sind Sand oder Rindenmulch beziehungsweise Holzhäcksel. Auch Rohboden mit einer Schicht aus weichem Kalksplitt ist gut geeignet. Die weitere Entwicklung des Bodens einer Kinder-Baustelle folgt einer Eigendynamik und ist nicht vorhersagbar.

Werkbänke und Werkzeug

Größere Kinder spielen nicht mehr nur am Boden, sondern benötigen Tische und Bänke. Dafür eignen sich Baumstubben in verschiedenen Größen. Legt man über zwei gleich hohe ein Brett oder eine Bohle, wird daraus ein Tisch oder ein Kaufladen für die Matschtörtchen. Es gibt aber auch geeignete Kindertische und -bänke für den Garten, die Sie mit einer umweltfreundlichen Lasur vor Witterungseinflüssen schützen können.
Geeignetes Werkzeug für Kinder zu finden, ist dagegen nicht so leicht. Die in Spielwarenläden angebotenen Plastikschäufelchen eignen sich höchstens für die ganz Kleinen und ihre ersten Sandspiele. Kinder ab etwa sechs Jahren benötigen robustes Material aus Holz und Metall.
Die Aufbewahrung der Werkzeuge bereitet meist größere Probleme als die

Geeignetes Kinder-Werkzeug:

- **Ausrangiertes Besteck (Löffel, Kellen, stumpfe Messer)**
- **Pflanzschaufel mit Holzgriff und nicht rostendem Metallblatt**
- **Kleiner Hammer oder Fäustel, Holz- oder Gummihammer**
- **Gartenschere für Damenhände (auch für Linkshänder erhältlich!)**
- **Kleiner Kinder- oder Damenspaten mit nicht rostendem Metallblatt**
- **Arbeitshandschuhe aus Leder für Kinderhände (im Gartenfachhandel)**

Anschaffung. Es bedarf einiger konsequenter Erziehungsarbeit, bis die Werkzeuge wieder jedesmal am Ende eines Arbeitstages gesäubert an die dafür vorgesehene Stelle zurück gebracht werden. Der Aufwand lohnt sich aber, da größere Kinder bald die Werkzeuge der Eltern benutzen werden und bis dahin gelernt haben sollten, sie wieder an ihren angestammten Platz zurückzubringen. Zur Aufbewahrung eignet sich eine wasserfeste Kiste (Deckel mit Dachpappe bespannen!) oder eine Tonne, aber auch das Kinderhaus, sofern nicht noch kleinere Kinder der Familie darin spielen.

In einer alten Wanne oder einem Speisfass kann man Spielen, Baden und Regenwasser sammeln

So sind Kinder in ihrem Element

Trotz der Fülle an käuflichem Spielzeug bleibt die Faszination der natürlichen Elemente Wasser, Steine, Erde, Holz und Feuer bei Kindern (wie auch Erwachsenen) ungebrochen. Hier erhalten Sie Anregungen, wie Sie mit einer sinnvollen Planung, aber auch mit Spiel- und Aktionstipps diese Elemente erlebbar machen.

Nass oder trocken?

Der Umgang mit **Wasser** und **Sand** regt besonders den Tastsinn an. Eigenschaften zur Gestalt, zum Aufbau und Wärmespeichervermögen der Stoffe werden über das „Begreifen" mit den Händen vermittelt. So gegensätzlich Wasser und Sand auch sind, sie können beide fließen. Macht man den Sand nass, verhält er sich ganz anders als im trockenen Zustand. Er wird formbar, besonders wenn er Lehmanteile enthält. Was ist schwerer: Ein Eimer Sand, ein Eimer Wasser oder ein Eimer Sand mit Wasser? Hier gilt: Probieren geht über Studieren!

Wasser

Fragen wir Kinder nach ihrem Traumgarten, kommt darin immer (!) Wasser vor, allerdings in den unterschiedlichsten Erscheinungsformen. Bescheidene sind mit einem Wasserhahn zufrieden, Fantasievolle wünschen sich einen Bachlauf zum Umleiten und Jugendlichen schwebt ein eigener Swimmingpool vor. Was

Spielen und Gestalten mit Wasser

Wasserspiele (2 bis 11 Jahre):
Es gibt aufwändige und teure Wasserspielanlagen aus Holz zum Kaufen, aber Dachrinnenreste und PVC-Rohre sind preiswerte, wunderbare Spielzeuge zum Befördern von Wasser. Die Kinder bauen damit immer wieder neue fantasievolle Wasserleitungen, benötigen dazu aber zusätzliches Material wie Steine, Stricke oder Draht.

Schwengelpumpen (7 bis 16 Jahre):
Hier gibt es verschiedene Modelle als Aufsatz für den Deckel einer unterirdischen Regenwasserzisterne: Sie sind gleichermaßen praktisch wie dekorativ. Da das Wasser mit Kraftaufwand gefördert wird, gehen Kinder sparsam damit um.

Gartenteiche (7 bis 16 Jahre):
Sie sind nicht zum Spielen geeignet, aber schöne Beobachtungs- und Experimentierstationen für größere Kinder und Erwachsene. Ein etwas in die Wasserfläche hinein ragender Holzsteg nutzt Teichbewohnern wie -beobachtern gleichermaßen, da man darauf auf dem Bauch liegend die Wasserbewohner viel besser erkennen kann und die anderen Uferbereiche dabei ungestört bleiben. Legen Sie einen Gartenteich erst an, wenn das jüngste Kind mindestens 6 Jahre alt ist und sicher schwimmen kann!

Sie davon im eigenen Garten verwirklichen, ist eine Frage des Platzes und des Geldbeutels. Alle Wasserstellen sollten in der Nähe des Spielplatzes der Kinder sein; Wasserhähne kann man beispielsweise an einem Schaukelpfosten oder am Gartenhaus befestigen, Wassertonnen stehen neben dem Fallrohr der Dachentwässerung richtig.
Teiche und Pools sind nicht zum Spielen geeignet und gehören erst in den Garten, wenn alle im Haushalt lebenden Kinder sicher schwimmen können. Wasserspielanlagen wie auf öffentlichen Spielplätzen sind teure und aufwändig zu bauende Konstruktionen, besonders wenn sie mit beweglichen Teilen ausgestattet sind. Für einen Familiengarten lohnt sich eher eine Wasserstelle, die Sie ohne großen Aufwand dem Alter der Kinder anpassen und später zu einem dekorativen Feuchtbiotop umbauen können.

Sand

Sandkisten mit Sitzbrettern sind für die Altersgruppe von 2 bis 6 Jahren sicher ausreichend, aber richtige Landschaften entstehen nur in großzügigen Sandanlagen.
So richtig Spaß macht das Spielen im Sand nur in Verbindung mit Wasser. Ist ein Wasseranschluss in der Nähe, muss man dafür sorgen, dass nicht zuviel davon in der Sandgrube landet. Besser (und Wasser sparender) ist es, wenn die Kinder das Wasser mit Muskelkraft oder Erfindungsgabe herbeischaffen müssen. Achten Sie aber darauf, dass der Weg einfach zu bewältigen ist und unterwegs nicht zu-

viel Wasser verloren gehen kann, da sonst die Kinder die Lust verlieren. Eine verschlossene Wassertonne mit Ablasshahn kann auch als Wasserquelle dienen.

Sie können einen Sandplatz mit Palisaden, Pflastersteinen oder liegenden Stämmen ganz oder nur teilweise einfassen, er kann eckig, rund oder frei gestaltet sein; wichtig ist eine ausreichende Größe und ein funktionierender Wasserabzug.

Für zwei bis drei Kinder sollte eine Sandanlage etwa 4 m^2 groß sein, wobei der Sand etwa 40 cm tief eingefüllt wird; das ergibt einen Anfangsbedarf von 1,6 m^3, die etwa 3,5 t wiegen. Geeignet ist Spielsand der Körnung 0 bis 2 mm; Bausand sollten Sie nicht verwenden, da er die Kleidung färbt.

Nur bei lehmigem oder verdichtetem Boden muss unter der Sandanlage eine Dränage eingebracht werden. Dies kann eine mit grobem Schotter oder Kies gefüllte Sickergrube an der tiefsten Stelle sein, die man gegen Verschlämmung durch feine Bodenbestandteile mit einem Vlies abdeckt. Aufwändiger, aber wirkungsvoller ist ein 20 bis 30 cm starkes Schotterbett als Dränage.

Sandplätze werden gerne von Katzen aufgesucht. Dem kann man mit einem großen Netz (z.B. Vogelschutznetz für Obstbäume) vorbeugen, das die Kinder selbst entfernen können. Das Netz mit Schlaufen wird durch Heringe vom Campingzelt bodennah befestigt. Um nicht jedesmal nach dem Spiel das Netz zum Aufspannen über den Sandplatz neu entwirren und ordnen zu müssen, sollte es auf einer Seite dauerhaft an Pfosten festgemacht sein. In zusammen gerolltem Zustand kann es hinter einer niedrigen Begrenzung aus Palisaden oder einem liegenden Baumstamm ruhen, damit sich die Kinder beim Spiel nicht darin verheddern und hinfallen.

Mit Sand spielen schon die Kleinsten gerne, aber auch Große können sich der Faszination oft nicht entziehen

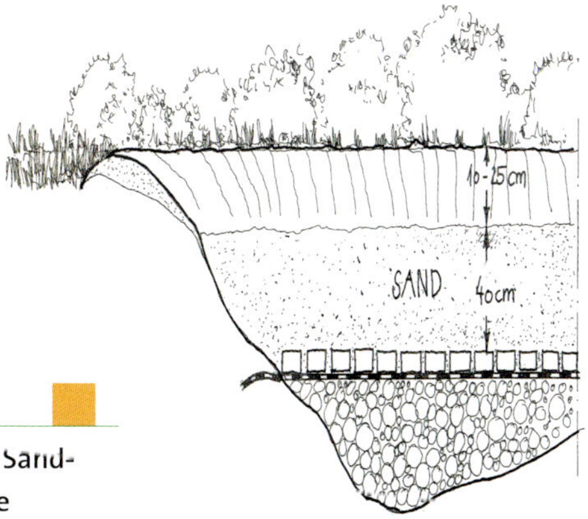

Aufbau einer Sand-Matsch-Grube

Spielen und Bauen mit Sand

In den Sand schreiben (2 bis 6 Jahre)
Der Sand in der Sandkiste wird ganz eben und glatt gerecht. Mit einem Stöckchen wird ein Muster, zum Beispiel ein großer Kreis oder eine Wellenlinie gezeichnet, die das Kind daraufhin nachzeichnet. Bieten Sie dem Kind das Stöckchen bitte für die rechte und die linke Hand an und zeichnen Sie auch Muster von rechts nach links vor!
Eine lustige Abwandlung ist das Zeichnen mit den Füßen im Sitzen oder Stehen, wobei das Stöckchen zwischen erstem und zweitem Zeh gehalten wird. Hier sind die Kinder oft geschickter als die Erwachsenen.

Einen Traumgarten bauen (7 bis 11 Jahre)
Sandkiste oder Sandplatz können wunderbar als Modell für einen Traumgarten (siehe S. 18) dienen, indem die Kinder das Gelände modellieren, mit Naturmaterialien Zäune, Bäume, Büsche und Beete herstellen, Höhlen und Verstecke, Felslandschaften und Gewässer bauen. Sie werden sich wundern, welche Fantasien Ihre Kinder entwickeln!

Hart und weich

Steine können sich hart oder weich anfühlen, sie sind eckig oder rund, schwer oder leicht. Je nach ihrer Entstehungsgeschichte sind sie Urgesteine oder wurden im Verlauf der Erdgeschichte durch Witterung oder Kräfte im Erdinneren umgewandelt. Temperaturunterschiede und Wasserkraft haben sie gesprengt, zerkleinert oder rund geschliffen. Mit Steinen lassen sich fantasievolle Bauwerke gestalten.
Lehm und **Ton** bestehen aus feinsten mineralischen Teilchen, die im Boden wichtige Wasser- und Nährstoffspeicher sind. Aus Lehm und Ton lassen sich wieder Steine oder andere Gegenstände formen, die man an der Sonne trocknen oder im Feuer beziehungsweise Ofen brennen kann.

Steine

Mit unterschiedlichen Steinen können sich Kinder als Baumeister versuchen. Klinker und Kalksandsteine eignen sich am besten zum Bauen von Häusern, mit runden Kieseln kann man Bachläufe gestalten, Feldsteine werden zu Felsen. Ganz beiläufig entwickeln die Kinder einen Sinn für unterschiedliche Formen, Farben und Gesteine.
Man kann Steine bei Baustoffhändlern billig in Kleinstmengen und nach Größen sortiert erwerben; Sie können aber auch einzelne Feldsteine aus der Umgebung sammeln oder kleinere Exemplare als Erinnerungsstücke aus dem Urlaub mitbringen. Zur Aufbewahrung der Steine kann man den Kindern Mörtelwannen aus dem Baumarkt oder vom Baustoffhändler bereit stellen, die man mit Wasserab-

Beim Spielen und Bauen mit großen Steinen werden auch die eigenen Kräfte erprobt

zugslöchern versehen hat, aber auch Laubkörbe aus Kunststoff-, Draht- oder Weidengeflecht. Für rechteckige Steine wie Klinker eignen sich besser große stabile Holzkisten (beim Weinhändler fragen) oder Paletten, wo man sie sauber aufschichten kann. Sind die Kinder der Bauphase entwachsen, können die Klinker zum Mauern eines Grills verwendet werden; mit den Kieseln kann man den Teich gestalten. Die Feldsteine eignen sich für Steinhaufen als Tierquartiere. Sollen diese als Rückzugsort für Eidechsen und Ringelnattern dienen, müssen sie an einem sonnigen, mit Schotter und Sand abgemagerten Platz errichtet werden, damit sie trocken stehen und nicht so schnell zuwuchern.
Dem selben Zweck dienen auch Trockenmauern, wenn man in ihnen genugend große Spalten für Tiere belässt. Auf der sonnenabgewandten Seite finden Arten wie Erd-, Knoblauch- und Wechselkröten oder Teichmolche an heißen Tagen ein kühles Plätzchen. Die Ritzen werden von Kleintieren, aber auch Pflanzen besiedelt. Es macht Kindern großen Spaß, beim Bau einer Trockenmauer mitzuhelfen. Sie lernen dabei „spielend" Einiges über den richtigen Aufbau - einer Mauer und über die Lebensgewohnheiten ihrer späteren Bewohner.

Lehm und Ton

Aus Lehm und Ton lassen sich viele Dinge bauen, seien es selbst geformte und getrocknete Ziegel, Kugeln, Töpfe oder Tiere, Lehmwände für Wildbienen oder gar ein eigenes Häuschen aus Flechtwerk und Lehm. Ton kann man sogar in der Glut des Lagerfeuers brennen, wodurch er hart wie Stein wird, allerdings nicht frostfest ist. Aufbewahrt werden beide Materialien in Gruben, die man am besten in Herbst und Winter abdeckt. Am einfachsten ist es, wenn beide Materialien vor Ort als bindige Lehm- oder Wasser stauende Tonschicht im Untergrund vorhanden sind. Dann kann man sie im Zuge der eigenen Bauarbeiten (z.B. beim Ausheben eines Tei-

Spielen und Bauen mit Steinen

Steine erraten (2 bis 11 Jahre)
Die Kinder sitzen mit verbundenen Augen im Kreis, jedes erhält einen Stein und soll diesen durch Ertasten erst genau kennenlernen. Dann werden die Steine gemischt und hinter dem Rücken so lange weitergereicht, bis jedes Kind den eigenen wiederzuerkennen glaubt und „seinen" Stein in der Hand behält. Dieses Spiel lässt sich durch verschiedene Variationen abwandeln und im Schwierigkeitsgrad steigern, indem man heimlich neue Steine ins Spiel bringt.

Kräuterspirale bauen (12 bis 16 Jahre)
Eine Sonderform der Trockenmauer ist die Kräuterschnecke, deren Steine spiralförmig nach oben verlaufend gesetzt werden. Sie wird gemäß ihrer unterschiedlichen Standortbereiche mit Feuchtigkeit oder Wärme liebenden Gewürzkräutern bepflanzt: Am Fuß der Kräuterschnecke gedeihen Pfefferminze, Kapuzinerkresse oder Basilikum; in den trockeneren oberen Bereich pflanzt man Arten wie Oregano, Ysop oder Estragon; die „Krönung" bilden Trockenkünstler wie Thymian oder Lavendel. Zu den Tieren der Mauerfugen gesellen sich hier noch viele Wildbienen- und Hummelarten, wenn Sie die Kräuter zum Blühen kommen lassen. Die Kräuterspirale benötigt mit etwa 2 m Durchmesser etwas Platz, kann aber durch den Pflanzraum in die Höhe auch wieder Einiges wettmachen.

An der eigenen Wildbienen-Nistwand aus Lehm und Strohhäcksel lassen sich interessante Entdeckungen machen

ches oder anderen Arbeiten in tieferen Bodenschichten) zutage fördern oder auch von Fremdbaustellen oftmals eine Schubkarre voll Lehm und/oder Ton bekommen.
Lehm kann man auch über den Baustoffhandel in Form von ungebrannten Ziegeln beziehen, die aufgeweicht wieder eine formbare Masse ergeben.
Da immer mehr Gartenteiche mit Ton abgedichtet werden, kann man auch dieses Material relativ preiswert über Teichbaufirmen erwerben.

Vom Kreislauf der Stoffe

Was passiert mit einem Baum, der gestorben ist? Man kann ihn verbrennen, dann entsteht Licht, Wärme, Wasserdampf, Kohlendioxid und

Spielen und Bauen mit Lehm

Lehmklicker herstellen (2 bis 6 Jahre)
Mit gekauftem Ton (beim Töpfer auch in verschiedenen Farben erhältlich) kann man die schönsten Kugeln herstellen, es geht aber auch mit Lehm aus dem eigenen Garten. Je feinkörniger das Ausgangsmaterial ist, desto glatter werden die Klicker und bekommen weniger Risse. Mit den Kindern formt man aus dem feuchten Ton oder Lehm kleine Kugeln, die man anschließend in die heiße Glut eines ausgebrannten Feuers legt und mit Asche gut zudeckt. Ist die Glut erkaltet, kann man sie herausholen und säubern. Nun heißt es: Bahn fei für die Murmelspiele!

Einen Lehmtümpel bauen (12 bis 16 Jahre)
Formt man Teichwände flach aus, kann man seinen Tümpel mit Lehm oder Ton abdichten. Dazu greift man entweder auf Lehm oder Ton aus einer Grube zurück, oder man kauft ungebrannte Ziegel, die man einweichen muss, bevor man sie verarbeitet. In jedem Fall muss unter der Tondichtung eine Lage grobkörniger Sand als „Pufferschicht“ aufgebracht werden. Die Ton- oder Lehmlage selbst muss man nach dem Verschmieren aller Fugen gut verdichten.
Ein mit Lehm oder Ton gedichteter Tümpel darf nie austrocknen, da er über die entstehenden Schrumpfrisse sonst Wasser verliert. Deshalb sollte man vorsorglich für Wassernachschub über die Dachrinne oder aus einer Zisterne sorgen.

Asche. Man kann daraus Bauholz machen, dann entstehen Brücken, Häuser, Türen und Möbel. Man kann ihn aber auch im Wald liegen lassen, dann dient er vielen Tieren, Pilzen und Bodenbakterien als Nahrung und Unterschlupf. Nach einiger Zeit wird er wieder zu duftender Erde, die neuen Pflanzen Wurzelraum, Wasser und Nährstoffe bietet. Nichts geht verloren, alle Stoffe werden wieder in den Kreislauf der Natur zurück gegeben.

Holz

Holz ist ein unverzichtbares Bau- und Spielmaterial. Man kann es den Kindern in Form von Brettern, Latten, Kisten, Paletten und anderem Bauholz anbieten, muss ihnen dann aber auch Nägel, Schrauben und geeignetes Werkzeug zugestehen (siehe auch Seite 75f.).

Für einen kindgerechten und naturnah gestalteten Garten eignet sich aber auch unbehandeltes Holz in Form von Baumstubben, Stammabschnitten, knorrigen Ästen, Reisig und langen Ruten. Es hat zudem den Vorteil, dass aus ihm naturnahe Elemente wie Igelquartiere und Totholzhaufen gebaut werden können, wenn die Kinder damit nicht mehr spielen.

Stammabschnitte von 30 bis 40 cm Durchmesser und 30 bis 50 cm Höhe, so genannte **Holzstubben**, eignen sich hervorragend als Sitzgelegenheiten und Werktische in der Kinderspielzone. Nadelholz ist billig und zudem leicht, sodass die Kinder sie selbst an den gewünschten Ort transportieren können. Hartholz dagegen ist schwerer, aber auch haltbarer.

Mit dünneren Stammabschnitten kann man auch eine Sand- oder Matschgrube einfassen, indem man sie wie Palisaden etwa zur Hälfte senkrecht eingräbt.

Fragen Sie bei Ihrem Forstamt nach Stammabschnitten, die man als Leseholz billig erwerben kann. Nadelholz harzt anfangs, was von Kleidungsstücken schwer zu entfernen ist. Wälzen Sie in diesem Fall die Stammabschnitte in Sand, der das Harz bindet, bevor Sie sie als „Spielholz“ freigeben.

Beim Spielen mit Holz wird so mancher zum „Hochstapler“

Mit Ästen und Zweigen kann man Rückzugsmöglichkeiten für Tiere bauen

Aktionstipp: Bau eines Igel-Überwinterungsquartiers (alle Altersstufen)

Der Bau eines Überwinterungsquartiers für Igel ist eine Aktion für den Herbst, bei der sich die ganze Familie beteiligen kann. Allerdings sollte man dazu eine etwas abgelegenere ruhige Ecke unter einer Hecke wählen, denn die Tiere dürfen während des Winterschlafs nicht gestört werden. Ein Holzkasten mit einer Grundfläche von 30 × 40 cm und einer Höhe von etwa 30 cm, mit einem bodennahen Eingang von etwa 15 cm Durchmesser wird dazu auf eine dicke Laub- und/oder Strohschicht gestellt. Um ihn herum und darüber werden nun viele Zweige und Laub aufgeschichtet, wobei der Eingangsbereich einen kleinen Tunnel erhält. Falls Sie keinen Igel im Garten haben, sollten Sie überprüfen, ob es im Zaun genügend große Durchschlupfmöglichkeiten für diese netten und nützlichen Mitbewohner gibt.

Mit einem Haufen **Reisig** (ohne Stacheln und Dornen) können sich Kinder ein Indianertipi bauen. Gibt man ihnen eine geeignete Ast- oder robuste Haushaltsschere, können sie damit kleine Zweige abschneiden und für den Bau von Miniaturlandschaften verwenden.

Größere Kinder bauen für sich vielleicht ein Astsofa, für die Vögel einen Reisighaufen oder eine Benjeshecke. Man kann mit geeigneten Zweigen Flechtzäune und Sichtschutzwände bauen (siehe S. 63f.), mit den Resten ein Hügelbeet oder Komposthaufen unterfüttern.

Steht Ihnen selbst kein Reisig zur Verfügung, kann man Gartenbauunternehmen oder den Bauhof der Gemeinde danach fragen. Hecken-

Aktionstipp Erde: Bau einer Regenwurm-Beobachtungsstation (7 bis 11 Jahre)

Leicht feuchte Erde unterschiedlicher Farbe (beispielsweise Rohboden, Kompost, Mischung aus beidem, Sand) wird in ordentlichen Schichten jeweils etwa 5 cm hoch in ein altes Aquarium geschichtet, so dass die Schichten gut durch die Glas- beziehungsweise Plastikwand erkennbar sind. Dann setzt man einige Regenwürmer hinein und „füttert" sie mit einer Schicht aus Apfelschalen, abgeschabten Möhren und Laub. Wird das Aquarium dunkel und kühl aufgestellt, graben die lichtscheuen Regenwürmer auch am Glasrand ihre Gänge und durchmischen so gut sichtbar innerhalb einer einzigen Woche die unterschiedlichen Erdschichten.

schnittmaßnahmen dürfen in der Regel nur vom Oktober bis Februar durchgeführt werden, um Vögel nicht beim Brutgeschäft zu stören.
Als Verpackungsmaterial findet man gelegentlich **Holzwolle** vor. Sie eignet sich bestens als Bastelmaterial für Spiellandschaften, Naturbilder oder Füllmaterial. Fragen Sie bei Händlern Ihrer Umgebung oder auch größeren Möbelhäusern nach, hier ist man in den meisten Fällen über die bequeme „Entsorgung" dieses Abfallproduktes dankbar.

Aktionstipp Holz: Ohrenkneifer-Heim (2 bis 6 Jahre)

Schon ganz kleine Kinder können Tontöpfe mit Holzwolle, Stroh oder Heu füllen, ein Zwiebelnetz darüber ziehen und helfen, sie mittels einer Kordel kopfüber an einem Baum aufzuhängen, wo sie als Quartier für die Blattlaus fressenden Ohrwürmer dienen. Der Topf muss allerdings Kontakt zu einem Ast haben, damit die nützlichen Tierchen auch problemlos hineingelangen können.

Erde

Erde muss man nicht extra bereitstellen. Wenn Sie die Kinder in ihrem Baustellenbereich graben lassen, ihnen ein kleines Beet anlegen und sie an den Pflanzarbeiten beteiligen, lernen sie von selbst die unterschiedliche Beschaffenheit von Erde kennen. Wie fruchtbare Erde entsteht, zeigt am besten der eigene Kompost im Garten, aber auch sich zersetzendes Laub und Totholz.

Feuer

Für offenes Feuer begeistern sich Kinder ab etwa 7 Jahren, wobei diese Faszination oft bis ins Erwachsenenleben anhält, wenn keine schlechten Erfahrungen gemacht wurden. An einem geschützten Feuerplatz im Garten können Kinder unter Anleitung und Aufsicht den Umgang damit lernen. Für kleine Lagerfeuer – große sind im Baugebiet nicht erlaubt – eignet sich ein windgeschützter Platz mit einer von Steinen begrenzten Fläche. Man kann dazu Ziegelsteine aufschichten, Findlinge im Kreis anordnen oder einen Betonring (für Kanalschächte) auf eine Kiesfläche legen. Als Verbrennungsmaterial eignen

Erde: Wichtig für das Wachstum der Pflanzen, richtig zum Buddeln für Kinder sich Baumstubben, die man selber spalten und zum Trocknen aufstapeln kann. Nadelholzscheite kann man schon nach einigen Monaten Trocknungszeit zum Feuern benutzen, bei Hartholz müssen Sie allerdings mindestens ein Jahr Trocknungszeit einrechnen. Ein Holzlager zum Abtrocknen des Feuerholzes ist eine unabdingbare Voraussetzung für ein qualmfreies Feuer.

Auf Baumstubben oder -stämmen kann man mit der Familie oder Freunden im Kreis um das Feuer herum sitzen und Stockbrot oder Kartoffeln grillen. Wichtig ist die Berücksichtigung der Windrichtung, damit vom Rauch weder Nachbarn belästigt noch Pflanzen in der Nähe geschädigt werden.

Ein Lagerfeuer muss immer vollständig mit Wasser gelöscht werden; ein Eimer davon sollte während des Grillens in der Nähe bereit stehen. Reine Holzasche kann in den Kompost oder direkt auf die Beete gegeben werden; überschätzen Sie dabei aber nicht die Düngewirkung.

Ein Streifen trockener Holzasche erschwert Schnecken den Zugang zu Beeten mit frisch gepflanztem Salat oder Gemüse.

Spielen und Backen mit Feuer

Düfte erraten (7 bis 16 Jahre)

Legen Sie Kräuterzweige in die Glut, die dann an Hand ihrer austretenden ätherischen Öle erraten werden müssen. Achtung: Keine Zweige von Giftpflanzen wie beispielsweise Eibe verwenden, da sich gesundheitsschädliche Dämpfe entwickeln können!

Rösten von Stockbrot (alle Altersgruppen)

Rühren Sie aus Wasser, Backpulver und Mehl einen mittelfesten, noch etwas geschmeidigen Teig an. Je nach Geschmacksrichtung stellen Sie durch Zucker- oder Salzzugabe einen süßen oder herzhaften Stockbrotteig her. Lassen Sie den Teig etwa eine halbe Stunde quellen und überprüfen Sie danach seine Konsistenz. Während dieser Zeit können die Kinder mindestens 1 m lange Stöcke suchen, die im oberen Viertel entrindet und kurz über das Feuer gehalten werden. Nun können Sie den Teig vorsichtig um den Stock wickeln und schichtweise über dem Feuer ausbacken. Guten Appetit!

An der eigenen Feuerstelle Stockbrot backen oder Würstchen grillen ist der krönende Abschluss eines schönen Sommertages

Familiengärten

KINDERLEICHT PFLEGEN

Wird die Gartenpflege nicht als lästige Pflicht, sondern als Spiel und Möglichkeit für Naturbeobachtungen und eigene Kreativität betrachtet, kann sie sowohl kleinen als auch großen Gartenbewohnern eine Menge Spaß machen.

Naturnah und kindgerecht gestaltete Gärten sind pflegeleicht und bieten viele Entdeckungsmöglichkeiten, gerade bei den Pflegearbeiten. Betrachten wir das also als Chance, besonders nah an der Natur zu sein und eine Menge über Tiere und Pflanzen zu den verschiedenen Jahreszeiten zu lernen. Es ist immer auch eine Frage der Herangehensweise, ob wir beispielsweise das Zusammenrechen von Laub als lästige Arbeit betrachten oder als Vorbereitung für den Bau eines Igelquartiers. Beziehen Sie Ihre Kinder immer in die notwendigen Arbeiten mit ein, das schult den Blick fürs Detail und die Verantwortung für den eigenen Besitz. Man kann ihnen dabei spielerisch Einiges über ihr Umfeld, die richtige Arbeitsweise, Werkzeuge und Sicherheitsmaßnahmen vermitteln.

Anschaulicher als jeder Biologieunterricht ist die eigene Erfahrung, dass aus einem Samenkorn eine Pflanze wächst

Kinder fühlen sich ernst genommen, wenn wir ihnen klar machen, dass jede Hand gebraucht wird. Sie gehen verantwortungsvoll mit Pflanzen um, wenn sie diese einpflanzen und pflegen dürfen. Aber auch wir selbst profitieren vom Helfen unserer Kinder, auch wenn dadurch manche Arbeiten anfangs etwas länger dauern. Ihre Fragen nach dem Warum und Wieso lassen uns über manche Gewohnheit nachdenken und deren Sinn in Frage stellen. Antworten wie „Das macht man schon immer so“ gelten nicht, wenn alte Fehler vermieden werden sollen.

Frühling

- **Holzbauten**
  - Algenbeläge des Winters mit einem festen Besen und Wasser herunter schrubben.
  - Standsicherheit, Rissbildung und Verschraubungen aller Spielgeräte sorgfältig überprüfen, Rost entfernen und Nägelköpfe wieder einschlagen.

- **Steinbauwerke, Pflasterflächen**
  - Frostschäden beseitigen, gehobene Steine wieder feststampfen, gebrochene Platten durch neue ersetzen.

- **Unbefestigte Wege**
  - Kies- und Splittwege harken und gegebenenfalls mit frischem Material auffüllen.

- **Kinderbaustelle, Sandspielanlagen**
  - Sand auf Verunreinigungen untersuchen, gegebenenfalls austauschen oder ergänzen.
  - Stehendes Wasser in Matschgruben entfernen: mit einer Eisenstange tiefe Abzugslöcher bohren.
  - Kinder: Spielmaterial ordnen, Steine säubern oder faules Holz aussortieren. Vorsicht, nicht stören: Im Geräteschuppen können sich Wintergäste wie Haselmaus oder Siebenschläfer eingenistet haben!

- **Gehölze**
  - Rückschnitt im zeitigen Frühjahr zur Bildung neuer Triebe und Blütenknospen. Wichtig: Zeitpunkt so wählen, dass keine Frostgefahr besteht und die Gehölze nicht schon ausgetrieben haben. Stark Saft führende Arten (z.B. Birke, Walnuss) nicht im Frühjahr schneiden!
  - Dichte Vogelnistgehölze nur von November bis Februar schneiden. Achtung, aufgrund unterschiedlicher Regelungen in den jeweiligen Landesnaturschutzgesetzen lieber bei Ihrer zuständigen Behörde nachfragen! Abgeknickte Zweige sauber abschneiden.

- **Nutzgarten, Beete**
  - Nach den letzten starken Nachtfrösten Mulchdecke von den Pflanzen entfernen und kompostieren.
  - Robuste Nutz- und Zierpflanzen säen oder Jungpflanzen setzen.
  - Schnecken absammeln.

Beim Pflanzen lernt man ganz nebenbei auch den Namen und die Bedürfnisse unterschiedlicher Gewächse kennen

  - Empfindlichere Nutz- und Zierpflanzen in Schalen und Blumentöpfe einsäen, im Haus vorziehen und ab Mai in die Beete pflanzen.

- **Stauden**
  - Trockene Staudenstängel vom Vorjahr erst entfernen, wenn überwinternde Insekten ihr Quartier verlassen haben; „Voreilige“ sollten so weit als möglich an der Stängelbasis schneiden und das Schnittgut sonnig lagern!

- **Rasen, Wiese**
  - Vernässte Stellen mit altem Spielsand abmagern: 5 cm dick auftra-

gen und mit einem Rechen verteilen, stark verdichtete und lehmige Stellen zuvor auflockern.
- Großflächige kahle Stellen nach entsprechender Bodenvorbereitung neu einsäen oder mit an anderer Stelle abgestochenen Rasensoden belegen.

Sommer

- **Holzbauten**
- Bei Holzbalken mit Schrumpfrissen: Schrauben nachdrehen und Nägel versenken, Risse mit Holzschutz nachbehandeln.
- Stark vergraute Bauteile abschleifen und mit schützender Lasur behandeln.
- Algen und Moose auf Holzflächen abbürsten, in feuchten Sommern vorbeugend eine dünne Schicht Sand auf rutschige Holzflächen streuen.

- **Sandspielanlagen**
- Spielsand in regelmäßigen Abständen von der Sonne bescheinen lassen, da die UV-Strahlung Keime abtötet (an aufeinander folgenden Sonnentagen durchmischen).

- **Gartenteiche**
- Durch Wassererwärmung oder Nährstoffeintrag auftretende Algen beseitigen: Fadenalgen an einem langen Stiel aufwickeln und kompostieren, dabei auf versehentlich mit abgeschöpfte Wassertiere wie Rückenschwimmer, Wasserschnecken oder Libellenlarven achten und diese zurück setzen.
- Bei niedrigem Wasserstand den Teich mit Regenwasser aus -regentonne oder Zisterne auffüllen.

- **Gehölze**
- Frisch gepflanzte Gehölze bei anhaltender Trockenheit gießen, dabei pro Strauch mit einer Wassergabe von etwa 100 l, pro Baum mit etwa 250 l in der Woche rechnen, damit genügend Wasser an die Wurzeln gelangt.
- Vorbeugend gegen austrocknenden Boden mit organischem Material wie Laub, Rindenmulch oder Holzhäcksel mulchen (hilft auch gegen unerwünschte Wildkräuter!).

- **Nutzbeete**
- Harken, mulchen, Unkraut und Schnecken beseitigen, gießen, ernten und neu aussäen.

- **Rasen, Wiese**
- Intensiv genutzte Rasenflächen regelmäßig auf etwa 5 cm Höhe mähen, Schnittgut als Mulchdecke dünn auf die Nutzbeete, etwas dicker unter Gehölzen aufbringen.
- Blumenrasen etwa drei- bis fünfmal im Jahr auf etwa 10 cm Höhe mähen.
- Blumenwiesen nur ein- bis zweimal im Jahr mit der Sense mähen, erster Schnitt frühestens im Juni. Langhalmigen Wiesenschnitt auf der Grünschnittdeponie entsorgen

oder zu Heu trocknen lassen und als Einstreu beziehungsweise Raufutter für Nagetiere verwenden.
- Rasen und Wiese in der Regel nicht gießen; vorbeugend den Rasen in Trockenperioden nicht zu kurz schneiden und auch nicht düngen!

- **Kompost**
- Bei der Kompostierung in offenen Holzgestellen gelegentlich den Feuchtigkeitsgehalt überprüfen, bei Trockenheit befeuchten.
- Kompost umsetzen: das unverrottete Material von oben und den Seiten in einen zweiten, benachbarten Behälter befördern, halbgaren Kompost auf Beeten verteilen und mit einer Mulchdecke abdecken, dabei aber nicht mit Pflanzenwurzeln in Kontakt kommen lassen! Garen Kompost aus dem unteren Drittel des Kompostbehälters sieben, als Substrat für Pflanzlöcher und Saatrillen verwenden.

Herbst

- **Holzbauten**
- Nicht mit Folie abdecken, weil sich darunter ein feuchtes Klima bildet!
- Sonnensegel und -schirme sowie bewegliche Gartenmöbel säubern, trocknen und unterstellen (Achtung: textile Elemente unbedingt „mäusesicher“ unterbringen!)
- Dachrinnen säubern.

Lohn fürs Säen, Pflanzen und Jäten ist die Ernte aus dem eigenen Garten

- **Wege und Plätze**
  - von Laub frei halten
  - Begehbarkeit bei nassem Wetter überprüfen: Stellen mit Pfützen vor dem Winter reparieren!

- **Sandspielanlagen**
  - Laub regelmäßig entfernen, so lange die Kinder noch draußen spielen.
  - Plane schräg über den Sandkasten spannen, damit Regenwasser abfließen und Luft zwischen Sand und Plane zirkulieren kann.

- **Gehölze**
  - Gehölzscheiben mit Laub mulchen
  - Bäume und Sträucher nach dem Laubfall und vor starkem Frost schneiden (je nach Schnittziel Kronenaufbau, Formgebung, Fruchtertrag, Verjüngung), dabei speziellen Wuchscharakter jeder Art und jedes Individuums beachten!

- **Nutzgarten**
  - Nicht umgraben, da das für die meisten Bodenorganismen tödlich ist!
  - Boden mulchen, bei Bedarf bodenlockernde und Nährstoff anreichernde Gründüngung einsäen oder den Boden mit Kreil oder Sauzahn aufreißen.

- **Stauden**
  - „Saubermachen" des Gartens vermeiden: Vertrocknete Stauden dienen vielen räuberisch lebenden Insekten als Unterschlupf und Winterquartier und uns – bereift oder schneebedeckt – als winterlicher Gartenschmuck.

- **Rasen und Wiese**
  - Vor dem Laubfall den Rasen ein letztes Mal schneiden.
  - Blumenwiesen spätestens im Oktober mit der Sense schneiden; das harte Schnittgut auf der Grünschnittdeponie entsorgen. Alternativen: Reisighaufen damit abdecken und so ein Winterquartier schaffen; klein geschnitten oder gehäckselt mit Laub vermischt in einen großen Kompostbehälter geben.
  - Falllaub von Rasen und Wiese entfernen, da Rasenpflanzen eine Laubabdeckung nicht tolerieren.

- **Kompost**
  - Organisches Material je nach Menge zum Teil für den Kompost, zum Teil als Mulchmaterial verwenden.
  - Reifen Kompost auf die abgeernteten Nutz- und auch auf Staudenbeete geben, anschließend mit Laub oder Grasschnitt abdecken.
  - Neuen Kompost gut gemischt aufsetzen: Anfallendes Material in getrennten Haufen sammeln und in wechselnden Schichten von maximal 20 cm Höhe luftig aufsetzen. Dazwischen gestreuter Stickstoffdünger und gegebenenfalls Kalk beschleunigen die Rotte. Alternative: Kompostmiete aufsetzen.
  - Hoch- und Frühbeete im Hügelbeetverfahren mit Gartenabfällen füllen.

Winter

- **Wege und Plätze**
- Niemals Tausalze verwenden! Regelmäßiges Schnee abschieben verhindert das Vereisen.
- Bei Glatteis Wege mit Sand, Splitt oder umweltfreundlichem Lavagranulat abstumpfen.
- Kies- und Splittwege bei Glatteis aufharken.

- **Gartenteiche**
- Mit Eisfreihalter oder dickem Strohbündel die Luftversorgung im Wasser sicherstellen.
- Nicht nachträglich eine geschlossene Eisdecke aufhacken, da dabei die Abdichtung zerstört werden kann! Vorbeugend Gartenteiche mit Tiefzone von mindestens 1 m^2 Fläche und 80 bis 100 cm Tiefe anlegen.
- Kleinere Wasserkübel vor dem Frost ausleeren, mehrjährige Wasserpflanzen bei halbem Wasserstand an einem frostfreien Ort überwintern.

- **Gehölze**
- Immergrüne Gehölze von nasser Schneelast befreien, damit sie nicht auseinander brechen.
- An milden Wintertagen Gehölze schneiden, jedoch nicht bei nahendem Frost, da die Schnittstellen erfrieren und die Wundfläche nicht heilen kann!
- Nistkästen kontrollieren und reinigen, altes Nistmaterial entfernen.

Bei der Nistkastenreinigung an Frosttagen lernt man Einiges über die Nistgewohnheiten der verschiedenen Vogelarten

- **Nutzbeete**
- Schon im Winter planen, wie man die Beete einteilen möchte, um das entsprechende Saatgut beschaffen und im Frühjahr aussäen zu können. Dieser „Pflanzplan" hilft später auch bei der Wiedererkennung von Pflanzenarten und -sorten.

- **Werkzeuge**
- Gartenwerkzeuge kontrollieren und gegebenbenfalls ausbessern: Schnittseiten und Metallblätter schleifen, Gelenke und bewegliche Verbindungen ölen, gebrochene Schippen- oder Spatenstiele ersetzen und lockere Schrauben und Nägel befestigen (außer Schärfarbeiten auch mit Kindern machbar!)

Empfehlenswerte Literatur

Briemle, Helga; Gärten für die ganze Familie; Ulmer 2000
Blessing Karin u.a.; Natur erleben mit Kindern; Ulmer 1997
Cornell, Joseph; Mit Kindern die Natur erleben; Verlag an der Ruhr 1997
Kleinod, Brigitte; Spielbereiche planen, entwerfen, kalkulieren; Ulmer 2001
Messineo-Gleich, Christiane; Merz Hans; Gärten, die auch Kindern Spaß machen; Naturbuch Verlag 1997
Mönkemeyer, Karin; Mit Kindern Umwelt und Natur entdecken, rororo
NUA (Hrsg.); Kinderträume-Erlebnisträume; LÖBF/LaFAO 1998
NUA (Hrsg.); Natur-Werkstatt für Kinder; ebenda 1997
NUA (Hrsg.); Natur-Spiel-Räume für Kinder; ebenda 1994
NUA (Hrsg.); Natur-Kinder-Garten; ebenda 1993
Oberholzer Axel, Lässer, Lore; Gärten für Kinder; Ulmer 1991
Oberholzer Axel, Lässer, Lore; Ein Garten für Tiere, Ulmer 1997
Seeger Christina und Roland; Kostengünstige Natur-Spiel-Räume; Eigenverlag FFS 1996
Straaß, Veronika; Natur erleben das ganze Jahr, BLV 2000
Winkler, Andreas; Salzmann, Hans C.; Das Naturgarten-Handbuch für Praktiker; AT Verlag Aarau/CH 1989

Register

Bildquellen

Briemle, Helga; Behringersdorf: Seite 46, 61, 70/71, 81, 85.
GBA Strauß, Au-Hallertau: Seite 59, 63, 86/87, 88.
Kleinod, Brigitte und Michael; Waldems: Seite 4/5, 7, 10, 11 (unten), 12, 18, 20, 21 (links), 32/33, 37, 38, 40, 42, 43, 48 (2), 57, 58, 60, 64, 67 (3), 68 (3), 69 (3), 73, 77, 78, 80, 82, 91, 93.
Redeleit, Wolfgang, Bienenbüttel: alle Umschlagbilder, Seite 6, 9, 11 (oben), 14/15, 21 (rechts), 24/25, 34, 52/53, 62, 75, 84, 89.
Wirth, Peter; Leinfelden-Echterdingen: Seite 44, 45.
Umschlagbilder der österreichischen Ausgabe:
Redeleit, Wolfgang; Bienenbüttel: Titelbild, Umschlagrückseite. Buchter-Weisbrodt, Helga; Rödersheim-Gronau: Freisteller.
Die Zeichnungen fertigte Evelyn Roos-Wenzel, Waldems nach Vorlagen der Verfasserin.

CIP-Kurztitelaufnahme der Deutschen Bibliothek
Ein Titeldatensatz ist bei Der Deutschen Bibliothek erhältlich.

ISBN: 3-8001-3689-9

Wollgrasweg 41, 70559 Stuttgart (Hohenheim)
Internet: www.ulmer.de
Email: info@ulmer.de
Printed in Germany
Lektorat: Karin Wachsmuth
Herstellung & DTP: Ursula Stammel
Druck und Bindung: aprinta, Wemding

Spielräume im Freien - hier erfahren Sie noch mehr.

Einen beträchtlichen Teil ihres jungen Lebens verbringen unsere Kinder im Kindergarten. Deshalb ist es wichtig, Kindergärten so zu bauen und innen und außen so zu gestalten, dass sich die Kinder wohlfühlen und ihrer Kreativität freien Lauf lassen können. Dieses Buch zeigt auf, wie und mit welchen Materialien ein ökologisches Bauen bei Kindergärten und Kindertagesstätten möglich ist.
Kindergärten ökologisch bauen und gestalten. *K. Blessing, I. Lehmann. Verlag Eugen Ulmer. 2001. 127 Seiten, 57 Farbfotos, 10 Zeichnungen. ISBN 3-8001-3177-3.*

Spielräume für Kinder planen und realisieren. *J. Kleeberg. Verlag Eugen Ulmer. 1999. 288 Seiten, 114 Farbfotos, 28 sw-Fotos, 98 Pläne und Zeichn. ISBN 3-8001-6624-0.*
Ein Planungsbuch, das zum Nachdenken über die Spielsituationen der Kinder anregt. Die einzelnen Themengebiete werden anhand von zahlreichen Fallbeispielen erläutert.

Familien brauchen bewohnbare Gärten mit viel Bewegungsraum und Gestaltungsfreiheit. Das Buch erläutert, wie erlebnisreiche naturnahe Gärten entstehen, die den unterschiedlichen Bedürfnissen aller Familienmitglieder gerecht werden.
Gärten für die ganze Familie.
Spielen, Gärtnern, Entspannen, Natur erleben. H. Briemle. Verlag Eugen Ulmer. 2000. 199 Seiten, 110 Farbfotos, 25 Farbzeichn. ISBN 3-8001-6683-6.

Obst im Hausgarten. *Aus der Serie Natur im Garten, Österreichischer Agrarverlag. 2002. 128 Seiten, 30 Farbfotos. ISBN 3-7040-1879-1.*
Natur im Garten! Kinder lieben es, zu naschen. Das Entdecken der Natur bedeutet auch, süße Früchte zu kosten. Obst darf daher in einem Garten für Kinder nicht fehlen. In diesem Buch finden Sie Hinweise zur Arten- und Sortenwahl sowie zur Pflege. Wie man Schäden vermeidet und Probleme umweltschonend löst, wird ausführlich gezeigt.